Prompting like a Pro

KI im Verkauf erfolgreich einsetzen

Peter Huber

1. Auflage

HAUFE.

Inhalt

Warum gerade jetzt dieses Buch? 5

- Entwicklung der KI 6
- Herausforderungen im Vertrieb 7
- Zum modernen Vertrieb gehört KI 8

Die perfekte Passform: KI im Verkauf 9

- Technisches Grundwissen 10
- KI braucht Wissen und Verständnis 14
- Kritische Aspekte der KI 15

Das Einmaleins des Promptens 17

- Erfolgreich Prompten mit dem 5-W-Prinzip 18
- Iterative Ergebnisfindung – KI in Aktion 21
- Superfaktor Authentizität 22
- Insider-Tipps für gutes Prompten 24
- Mit Recht prompten 27

Prompt-Beispiele für mehr Erfolg und weniger Stress **31**

- Schnelle Erfolge für effizientes Arbeiten 32
- Wirkungsvolle Kommunikation 39
- Sammlung, Verdichtung und Weiterverarbeitung von Informationen 53
- Von der Idee zur Struktur, Taktik und Strategie 77
- Visuell überzeugen 110

Scan your Skills – Werde zum Prompting-Sales-Pro **115**

- Selbsttest: Meine Stärken und Potenziale 116

- Abschließende Worte 119
- Stichwortverzeichnis 125

Vorwort

Vor einigen Monaten hatte ich ein besonderes Erlebnis. Während einer Verkaufsschulung, in der wir uns mit dem Thema Social Selling beschäftigten, wollten wir uns die Arbeit beim Erstellen von LinkedIn-Posts erleichtern. Ich zeigte, wie man mit ChatGPT mit einem geschickt formulierten Prompt in wenigen Sekunden einen authentisch klingenden Social-Media-Post erstellen kann. In diesem Moment war es mucksmäuschenstill. Kennt ihr solche Momente, in denen eine Energie entsteht? Wenn ein Momentum entsteht? In diesem Moment wurde allen Teilnehmenden klar: KI ist mehr als eine Spielerei, KI ist ein MUSS am modernen Arbeitsplatz im Vertrieb.

Klar ist, dass KI-Tools wie ChatGPT, CompanyGPT, MS Copilot, Mistral & Co. keine Zauber- oder Wunderwerkzeuge für dich als Verkaufsprofi sind. Diese Technologien sind in erster Linie innovative Werkzeuge, vergleichbar mit einem Thermomix® in der Küche. Er erleichtert zwar die Arbeit, aber das eigentliche Feintuning, wie z. B. das »Abschmecken«, liegt nach wie vor in deiner Hand. Und dafür möchte ich dir mit diesem Taschen-Guide fundiertes und vor allem sofort umsetzbares Wissen an die Hand geben.

Viel Erfolg wünscht dir

Peter Huber

Warum gerade jetzt dieses Buch?

Weder Technik noch Verkauf sind heute noch so, wie sie früher waren. Je nachdem wie lange du im Verkauf tätig bist, hast du vielleicht schon mehrere Umbrüche miterlebt. Womöglich kannst du dich noch erinnern, wie die Einführung des Internets dein privates und berufliches Leben beeinflusst hat.

Ich selbst – Jahrgang 1972 – habe diese Veränderungen mitgemacht. Darum ist es mir ein Herzensanliegen, dich mit diesem Buch auf dem Weg in das KI-Zeitalter zu begleiten, damit du dein Potenzial auch in dieser aufregenden Zeit entfalten kannst.

Werfen wir dafür einführend einen Blick auf die beiden großen Treiber der Veränderung, nämlich Technik und Verkauf.

Entwicklung der KI

Obwohl die ersten Programme mit künstlicher Intelligenz bereits 1951 entwickelt wurden, fühlte sich der Launch von ChatGPT am 30. November 2022 wie der Urknall dieser Technologie an. Innerhalb nur weniger Tage wurde der Chatbot von OpenAI zum weltweit wichtigsten Thema – und das in einer Zeit, die bereits reich an Schlagzeilen war. Wieso aber gelang ChatGPT, was noch keine KI zuvor, abseits von Science-Fiction-Filmen, zuwege gebracht hatte? Dafür gibt es mehrere Gründe. Erstens ist das System in der Einstiegsvariante kostenlos und kann von jedem und jeder in jedwedem Browser genutzt werden. Zweitens ist uns die Art und Weise der Kommunikation bereits vertraut, da wir mit dem Chatbot auf dieselbe Art und Weise kommunizieren, wie wir es im Freundeskreis und mit Kolleginnen und Kollegen auf WhatsApp oder anderen Messaging-Diensten tun. Drittens lieferte ChatGPT mehr, als es versprach, und brachte einen sofortigen Nutzen für die Anwendenden.

Seither geht es Schlag auf Schlag. Seit 2023 sind KI-Chatbots auch auf Suchmaschinen wie Google, Bing oder direkt in Office365 als Copilot nutzbar. Wurde zunächst noch über die ersten, unbeholfen wirkenden Ergebnisse gelacht, so sind KI-generierte Texte – bei richtiger Anwendung – heute kaum noch von menschengemachten zu unterscheiden. Die Formulierung einer aussagekräftigen Anweisung (Prompt) sorgt dafür, dass deine Eingabe von der KI mit dem bestmöglichen Ergebnis belohnt wird.

> Die Fähigkeit, KI-Textanweisungen zu formulieren – also zu prompten – und das Know-how, das Ergebnis entsprechend zu überprüfen und zu verwerten, ist eine neue Schlüsselqualifikation in der Geschäftswelt von heute.

Herausforderungen im Vertrieb

Aber auch in der dynamischen Welt des Vertriebs haben sich die Spielregeln in den letzten Jahren radikal verändert. Altes funktioniert nicht mehr, Neues ist uns oft noch nicht vertraut. Der Verkauf, wie wir ihn kannten, hat sich in vielen Branchen grundlegend gewandelt. Einige dieser Veränderungen wurden durch die Coronapandemie beschleunigt, wie beispielsweise die zunehmende Distanz zu den Kundinnen und Kunden, die nun vermehrt über digitale Plattformen wie MS Teams, Zoom & Co. überbrückt wird. Andere Entwicklungen vollziehen sich eher schleichend, wie der Generationenwechsel, der sowohl auf Anbieter- als auch auf Kundenseite spürbar ist.

Die Herausforderungen im Vertrieb werden immer größer: Intensität, Komplexität und Tempo der Vertriebsarbeit nehmen stetig zu. Wir hetzen von Termin zu Termin, von Ziel zu Ziel. Gleichzeitig wird der Ruf nach Standardisierung immer lauter. Und dann sind da noch unsere Kundinnen und Kunden, die immer individueller bedient werden wollen. Hier beobachte ich vor allem einen Trend: den Trend von Business-to-Business (B2B) hin zu People-to-People (P2P). Business-to-Business gibt es nicht mehr. Der Kunde bzw. die Kundin will als Mensch wahrgenommen und vor allem exzellent bedient werden. In diesem Zuge verliert die vertriebliche Standardperspektive an Bedeutung und wird durch persönlichere, kundenorientierte Ansätze ersetzt.

In dieser neuen Welt reicht es nicht aus, einfach härter zu arbeiten – mehr Arbeit bedeutet nicht unbedingt bessere Ergebnisse. Vielmehr gilt es, intelligente und effiziente Wege zu finden, um den aktuellen Herausforderungen zu begegnen und nicht in der Bedeutungslosigkeit zu versinken.

Zum modernen Vertrieb gehört KI

Und genau deshalb ist jetzt der richtige Zeitpunkt, den Einsatz von KI am Arbeitsplatz aktiv in die Hand zu nehmen. Dass es sich hierbei um ein mächtiges Werkzeug handelt, beweist eine Studie, die 2023 von der Harvard Business School in Kooperation mit der Boston Consulting Group durchgeführt wurde. Diese ergab, dass der Einsatz von KI (GPT4) sowohl die Produktivität als auch die Qualität der Arbeitsergebnisse verbesserte.

Jene Gruppen, die mit KI arbeiteten, erledigten durchschnittlich 12,2 % mehr Aufgaben, schlossen diese um 25,1 % schneller ab und erreichten eine um über 40 % höhere Qualität in ihren Ergebnissen als die Gruppe, die ohne KI auskommen musste.

Die perfekte Passform: KI im Verkauf

Wie aus dem einleitenden Kapitel deutlich wurde, ist KI aus der modernen Vertriebswelt nicht mehr wegzudenken. Diese Technologien ermöglichen es dir endlich, ohne großen Aufwand maßgeschneiderte Kommunikationsformen zu entwickeln, komplexe Aufgaben zu bewältigen oder einfach nur lästige Arbeiten wie das Schreiben von Protokollen zu übernehmen – und das alles perfekt abgestimmt auf die individuellen Bedürfnisse deiner Kundinnen und Kunden.

Durch KI wirst du nicht nur deine Produktivität steigern, sondern auch deine eigene Arbeitszufriedenheit signifikant verbessern oder zumindest gesichert aufrechterhalten. Das macht KI zu einem entscheidenden Werkzeug in einem Umfeld, das von hoher Wettbewerbsintensität und Dynamik geprägt ist: dem Verkauf.

Technisches Grundwissen

Künstliche Intelligenz (KI) ermöglicht es Computern oder Systemen, Aufgaben zu erledigen, die normalerweise menschliches Denken erfordern, wie z. B. Sinn erfassendes Lesen oder Interpretieren von Informationen. Ein anschauliches Beispiel hierfür ist ein CRM-System, das KI nutzt, um umfangreiche Kundendaten zu analysieren. Auf diese Weise können neue Erkenntnisse über das Verhalten und die Vorlieben der Kund:innen gewonnen werden, was Unternehmen bei der Anpassung ihrer Strategie hilft. Ein spezifischer Bereich innerhalb der KI ist das maschinelle Lernen (ML), bei dem Computer selbstständig aus Daten lernen, Muster erkennen und Entscheidungen treffen, ohne explizit dafür programmiert zu sein. So erhalten etwa Kaufende in Onlineshops auf der Grundlage des eigenen Kaufverhaltens und des Kaufverhaltens anderer automatisch Produktempfehlungen, die für sie selbst interessant sein könnten.

Sprachmodell mit klaren Regeln und Algorithmen

Ein KI-Chatbot ist ein Sprachmodell, das mit dir in einer natürlichen Sprache kommuniziert. Auf deinem Bildschirm zeigt sich das Ganze so, dass der Chatbot deine Texteingabe versteht und darauf eine Antwort generiert. Deine Eingabe wird meistens Prompt genannt. Um auf deinen Prompt zu antworten, verwendet der Chatbot eine breite Palette an Techniken. Die wichtigsten sind:

- **Sprach- und Bilderkennung:** Der Chatbot erkennt die Wörter und Bilder, die dein Prompt enthält.

- **Sprach- und Bildanalyse:** Der Chatbot analysiert den Kontext deines Prompts.
- **Antwortgenerierung:** Der Chatbot generiert eine Antwort auf deine Anfrage. Als Text, Bild, Audio- oder Videodatei – so wie du es willst und das System es zulässt.

Diese Funktionsweise lässt sich einfach erklären: Es handelt sich um ein IT-System, das auf klaren Regeln und Algorithmen basiert. Ein wichtiger Schritt dabei ist die Tokenisierung, bei der Sätze oder Wörter in kleinere Einheiten zerlegt werden. Zum Beispiel wird der Satz »Wer ist der beste Motorsportler aller Zeiten?« in einzelne Token wie »Wer«, »ist«, »der«, »beste«, »Motorsportler«, »aller« und »Zeiten« aufgeteilt und durch Zahlen codiert.

Nach der Tokenisierung verwendet die KI eine mathematische Formel, um die nächsten Zahlen und damit die nächsten Wörter vorherzusagen. Sie basiert dabei auf Mustern und Wahrscheinlichkeiten, die aus großen Datensätzen gelernt wurden. Einfach gesagt, versucht die KI, die nächsten Wörter in einem Satz vorherzusagen, ähnlich wie eine mathematische Formel, die die nächsten Zahlen in einer Reihe berechnet.

> Ein KI-Modell wie GPT (Generative Pre-trained Transformer) ist im Grunde eine Statistiksoftware, die darauf trainiert ist, Sprache zu verstehen und zu generieren. Die Kombination von Tokenisierung und Vorhersage von nächsten Wörtern ermöglicht es einem solchen Modell, Texte zu verstehen, zu generieren und darauf zu reagieren.

Formulierung des Prompts entscheidend

ChatGPT wurde nicht als Wissensdatenbank entwickelt. Das KI-Modell kann zwar auf das im Internet verfügbare Wissen zugreifen, aber es ist durchaus möglich, dass es Antworten auf Wissensfragen wild zusammenschustert. Man sagt in solchen Fällen, dass eine KI »halluziniert«.

Beispiel

Nehmen wir an, du stellst ChatGPT eine Frage wie »Fasse mir die Geschichte vom Räuber Hotzenplotz zusammen«. Du wirst daraufhin eine Antwort erhalten, die durchaus glaubwürdig wirkt. Hast du jedoch das Buch gelesen, kann es sein, dass du in der Antwort von ChatGPT Ungereimtheiten findest.

Um solche Halluzinationen zu vermeiden, ist die Formulierung deiner Prompts, also deiner Texteingaben, entscheidend. Je genauer dein Prompt ist, desto einfacher kann ihn die KI analysieren und darauf eine passende Antwort generieren.

Beispiel

So ist es definitiv relevant, ob du ChatGPT den Befehl gibst »Erstelle eine Agenda für mein Jahresgespräch mit besten Kunden« oder ob du schreibst:

»Verfasse eine innovative Agenda für das nächste Jahresgespräch mit dem umsatzstärksten Kunden in der Vorweihnachtszeit. Das Gespräch dauert 2 Stunden. Liefere mir auch Ideen, wie ich vorab die Neugierde der Teilnehmenden wecken kann. Am Gespräch nehmen Geschäftsführer und die Vertriebsleiterin teil. Die Agenda sollte als Aufzählung aufgebaut sein und nicht mehr als 200 Wörter umfassen und mindestens zwei überzeugende Argumente für unsere Dienstleistungen enthalten. Ziel ist es, die Kundenzufriedenheit zu stärken, uns von anderen Anbietern abzuheben, Feedback einzuholen und die Gesprächspartner und -partnerinnen von uns zu begeistern. Die Agenda soll in einer einfachen und verständlichen Sprache verfasst sein. Bitte achte darauf, dass die Agenda gut strukturiert ist, um eine leichte Lesbarkeit zu gewährleisten.«

Dieser Prompt mag umständlich erscheinen, doch es lohnt sich, viel Mühe auf eine ausführliche Formulierung zu verwenden. Bedenke, dass du deine Prompts als Word-Dokument oder elektronische Notiz speichern und wiederverwenden kannst, was bei sich wiederholenden Verkaufstätigkeiten viel Zeit sparen kann. Das Beispiel zeigt auch, dass ein Prompt ohne dein Fachwissen nichts wert ist. Denn egal wie gut die Antwort der KI ist, du benötigst das entsprechende Know-how im betreffenden Fachbereich, um feststellen zu können, ob du die Formulierung der KI guten Gewissens verwenden kannst oder nicht. Darum wird ein Chatbot dein Fachwissen im Vertrieb nicht ersetzen, vielmehr setzt er dieses sogar voraus. Das bedeutet auch, dass deine Fähigkeiten beim Prompten die Qualität deiner Arbeit und damit die Erreichung deiner Ziele direkt beeinflussen. Wissenskontrolle und Prompten sind deshalb zwei Schlüsselkompetenzen im KI-Zeitalter.

Aktuelle Daten zu Chatbots wie ChatGPT, CompanyGPT, Gemini, Mistral, Copilot & Co. findest du auf meinen Blog unter www.digitalsalestools.com (oder scanne einfach den QR-Code).

KI braucht Wissen und Verständnis

Fundiertes Wissen geht weit über eine bloße Meinung hinaus. Dies ist nicht nur im Umgang mit KI, sondern allgemein in der Welt des Verkaufs gültig. In den letzten Wochen und Monaten habe ich beobachtet, wie viele Menschen ihre Meinungen formen, sei es durch Medien, persönliche Glaubenssätze oder Erfahrungen. Doch nur wenige setzen sich mit fundiertem Wissen auseinander. Mit diesem Buch möchte ich das ändern. In kompakter Form und mit praxisnahen Ansätzen beleuchte ich die Chancen, die sich uns im Vertrieb bieten. Ich verzichte dabei bewusst auf gesellschaftliche Auswirkungen und ethische Aspekte, um den Fokus auf die Kernthemen dieses TaschenGuides zu legen.

Für mich ist klar: Um für die Zukunft gerüstet zu sein, ist es besonders im Umgang mit KI unerlässlich, sowohl technisch als auch verkäuferisch auf dem neuesten Stand zu sein. Beherrschst du etwa nur die technische Seite, kannst du zwar Prompts so formulieren, dass du bessere Ergebnisse erzielst. Doch selbst das beste Prompten stößt an seine Grenzen, wenn dir grundlegende Prinzipien des Verkaufs wie etwa das AIDA-Modell oder die Phasen eines Verkaufsgesprächs unbekannt sind. Was nutzt dir eine ausgeklügelte Kommunikationsstrategie, wenn du nicht verstehst, wie Menschen denken und fühlen? Was bringt es dir, die richtigen Worte zu finden, wenn du nicht weißt, wie du dich durch authentische Kommunikation als Original von der Masse abheben kannst?

Und genau hier setze ich an: Neben dem Prompt-Wissen wende ich auch bewährte Methoden, Prinzipien und Mechanismen aus dem Salesbereich an und dieses theoretische Hintergrundwissen stelle ich als eigenen Textkasten bei jedem Prompt-Beispiel zur Verfügung. Das alles in der Sprache von Vertrieb und Verkauf. Dieser Ansatz schafft ein solides Verständnis und ermöglicht es, »leere Kilometer« zu reduzieren, die Qualität deiner Ergebnisse zu steigern und eine Grundlage für eine kontinuierliche Verbesserung zu schaffen.

> Der Schlüssel zum Erfolg liegt in der gekonnten Verknüpfung von Verkaufsmethoden, digitalen Tools und dem eigenen Charakter. In der digitalen Welt, unterstützt durch KI, kannst du so als Original punkten – authentisch, persönlich und individuell.

Kritische Aspekte der KI

Neben dem eindrucksvollen Potenzial der Künstlichen Intelligenz (KI) sollten wir stets auch deren kritische Aspekte im Blick behalten. Als jemand, der stets zuversichtlich mit neuen Technologien umgeht, muss ich mir daher auch der Verantwortung bewusst sein, die damit einhergeht – eine Verantwortung, die jeder und jede von uns, nicht nur das Management in Unternehmen, tragen sollte.

Einer dieser Aspekte betrifft die Verzerrungen in den Daten und Algorithmen, bekannt als Bias. Diese können dazu führen, dass KI-Systeme falsche, ungerechte oder diskriminierende Ergebnisse liefern, wodurch bestehende Ungleichheiten verstärkt werden könnten. Deshalb ist es wichtig, bei der Entwicklung und Anwendung von KI stets auf Ausgewogenheit und Fairness zu achten.

Ein weiterer bedeutender Aspekt betrifft den Datenschutz und die Privatsphäre. Während KI enorme Datenmengen analysieren kann, müssen wir sicherstellen, dass dabei persönliche Daten angemessen geschützt werden. Dies erfordert klare Richtlinien und Kontrollmechanismen, um Missbrauch zu verhindern und die Privatsphäre jedes und jeder Einzelnen zu wahren.

Ethik spielt ebenfalls eine zentrale Rolle. Es ist wichtig, sich dessen bewusst zu sein, dass KI-Systeme nicht nur technologische Werkzeuge sind, sondern auch moralische Konsequenzen haben. Daher sollten wir stets ethische Überlegungen in den Mittelpunkt unserer Entscheidungsfindung stellen und sicherstellen, dass KI-Systeme im Einklang mit unseren Werten und Prinzipien eingesetzt werden.

In einer Welt, die zunehmend von KI beeinflusst wird, müssen wir auch die damit verbundenen problematischen Aspekte und Sicherheitsrisiken im Blick behalten und die Selbstständigkeit und Entscheidungsfreiheit von KI-Systemen kritisch hinterfragen. Dabei sollten wir nicht vergessen, dass wir als Individuen und Gesellschaft die Verantwortung tragen, die Entwicklung und Anwendung von KI zum Wohl aller zu gestalten.

Das Einmaleins des Promptens

Ich kann es nicht oft genug wiederholen: Im modernen Verkauf ist die Fähigkeit, effektiv mit einer KI zu kommunizieren, ein wesentlicher Bestandteil deines Skillsets. Wenn du noch keine Erfahrung im Umgang mit einem Chatbot hast, mag dir ein Dialog mit ihm zunächst sonderbar vorkommen. Es hilft, wenn du dir die KI als ein fünfjähriges Kind vorstellst, das zwar das gesamte Internet gelesen hat, aber dennoch klare und eindeutige Anweisungen benötigt, um Aufgaben korrekt zu erfüllen.

Dieses Kapitel will dir das Einmaleins des Promptens näherbringen und dir zeigen, wie du dich klar und deutlich mit einer KI unterhältst, um das gewünschte Ergebnis zu erwirken.

Erfolgreich Prompten mit dem 5-W-Prinzip

Die Verwendung von W-Fragen ist eine klassische Methode in der Arbeit mit Texten. Grundsätzlich variiert ihre Anzahl je nach Gebrauch. In meinem 5-W-Prinzip, das als Grundlage für einen überzeugenden Prompt dient, lassen sich die W-Fragen jedoch auf diese fünf eingrenzen: »was«, »wer«, »wozu«, »wie« und »womit«.

Was ist zu tun?

Erkläre dem Chatbot, was er zu tun hat. Willst du, dass er Informationen bereitstellt oder spezifische Aufgaben erledigt? Soll er beispielsweise eine Agenda, eine Kunden-E-Mail nach einer Reklamation, einen LinkedIn-Beitrag, eine Marktanalyse oder ein Bild erstellen, um deine Verkaufsstory im Rahmen deiner Angebotspräsentation noch wirkungsvoller zu vermitteln?

Wer ist beteiligt?

Mache dir als Nächstes darüber Gedanken, wer beteiligt ist, also welche Rolle der Chatbot einnehmen und welche Personen er mit deinem Prompt ansprechen soll. Zunächst definierst du den Absender: Die besten Ergebnisse für den Absender erzielst du, wenn du dem Chatbot eine spezifische Rolle zuweist, zum Beispiel, indem du dem Chatbot Anweisungen wie »Du bist ein erfahrener Verkaufsprofi …« oder »Verfasse diesen Text als Marketing-Experte« gibst. Dann beschreibst du den Empfänger: Der Empfänger ist die Zielgruppe, die du mit dem Ergebnis deines

Prompts ansprechen willst, ein bestimmtes Publikum wie z. B. spezifische Kundensegmente oder deine Mitarbeitenden. Sei so genau wie möglich und versuche immer, die Person hinter der Funktion oder Rolle zu beschreiben.

Wozu soll das KI-Ergebnis dienen?

Definiere nun dein Ziel, indem du angibst, wozu das Prompt-Ergebnis genutzt werden soll. Schreibst du deinem Kunden etwa eine E-Mail zu einem neuen Produkt, kann es dein Ziel sein, das Kaufinteresse zu wecken. Achte darauf, nicht nur sachliche Aspekte zu vermitteln, denn Verkaufsarbeit ist Emotionsarbeit. Beschreibe also auch, welche emotionale Wirkung du erzielen möchtest, d. h. welche Gefühle du bei den Adressatinnen und Adressaten auslösen möchtest, zum Beispiel das Gefühl von Sicherheit oder Orientierung.

Wie ist die Ausführung?

Lege nun fest, wie der Chatbot deine Arbeitsergebnisse ausführen soll. Ausschlaggebend ist hier einerseits die gewünschte Tonalität, also in welchem Ton das Ergebnis formuliert werden soll (freundlich, kompetent, formell usw.). Dieser Aspekt ist die Grundvoraussetzung für eine authentische Kommunikation. Wenn du an dieser Stelle beschreibst, wie du dich in der realen Welt ausdrückst und was deine Einzigartigkeit ausmacht, dann wird sich deine durch KI erzeugte Formulierung auch nahtlos in deine bisherige Kommunikation mit Kund:innen einfügen. Versäumst du es jedoch, diese Details vorzugeben, wird sofort erkennbar, dass der Text oder die Idee nicht von dir stammt. Und das wird die Kundenbeziehung schleichend zerstören, so hart das auch klingen mag.

Wichtig sind andererseits auch die Angaben zu Länge und Struktur des generierten Textes. Schließlich unterscheidet sich ein Beitrag auf LinkedIn in Länge und Aufbau von einem schriftlichen Angebot. Als Struktur sind z. B. Fließtext, Aufzählung aber auch Tabellen möglich.

Womit wird der Prompt noch besser?

Abschließend kannst du das Ergebnis deines Prompts durch das Hinzufügen von weiteren Informationen verbessern. Dies können relevante Dokumente, Hintergrundinfos oder andere Quellen sein.

Manche KI-Tools (z. B. ChatGPT) geben dir die Möglichkeit, das »Wer« und »Wie« in den »Custom Instructions« bereits voreinzustellen. Diese Funktion findest du z. B. bei ChatGPT, wenn du links unten auf deinen Namen und danach auf »Customize ChatGPT« klickst. Dann erscheinen zwei Eingabefelder. Im oberen Feld kannst du Informationen zu dem Absender eintragen, während du im unteren Feld die gewünschte Tonalität von ChatGPT festlegen kannst.

Beispiel

»**(WAS)** *Erstelle eine professionelle und einfühlsame E-Mail, die von dir, dem Account Manager in der IT-Branche, an einen langjährigen Stammkunden gesendet wird. Die E-Mail soll eine Preiserhöhung von 10% für IT-Services, die ab dem kommenden Geschäftsjahr gelten wird, ankündigen.* **(WER)** *Du bist Account Manager mit 15 Jahren Erfahrung. Deine Expertise und dein partnerschaftlicher Umgang zeichnen dich aus. Für deine Kunden gehst du oft die Extrameile. Dein Kunde ist der Geschäftsführer eines KMU. Er ist kostenorientiert, schätzt aber den persönlichen Einsatz.* **(WOZU)** *Du möchtest die Preiserhöhung ohne Ärger oder emotionale Nachwehen erreichen und auch Verständnis schaffen.* **(WIE)** *Formuliere partnerschaftlich, per Du, vermeide allgemeine Aussagen und konzentriere dich stattdessen auf konkrete Details, die die Anpassung rechtfertigen. Maximal 250 Wörter.* **(WOMIT)** *Nimm Bezug auf unsere Unternehmenswerte:* www.musterfirma.com«

> Wende die 5-W-Formel »Was-Wer-Wozu-Wie-Womit« für einen aussagekräftigen Prompt an, um auf deine Bedürfnisse zugeschnittene Ergebnisse zu erzielen.

Iterative Ergebnisfindung – KI in Aktion

Aber auch der beste Prompt liefert nicht immer sofort das gewünschte Ergebnis. In solchen Fällen kann es hilfreich sein, den Chatbot als deinen Gesprächspartner zu sehen und mit ihm einen Dialog zu führen. Durch diesen kreativen Schlagabtausch zwischen dir und der KI erzielst du eine schrittweise Verbesserung der Ergebnisse. Das funktioniert am besten, wenn du dich mit ihr wie mit einem Menschen unterhältst und mit Nachfragen und Feedback dranbleibst. Wenn dir etwas nicht gefällt, teile es mit. Gefällt dir etwas, hebe diesen Aspekt hervor. Fehlt dir etwas, lasse es ausdrücklich hinzufügen. Ist etwas unklar, frage den

Chatbot, ob er die Aufgabe verstanden hat oder welche Fragen er hat, um die Aufgabe erfolgreich zu lösen. Es ist wie im richtigen Leben, oder? Ein iterativer Prozess kann daher so aussehen:

- Schritt 1: Prompt: »*Schreibe eine Begleit-E-Mail für die Übermittlung eines Angebotes. Das Angebot enthält das neue Seminarangebot ‚Prompting like a Pro'. Zielgruppe ist eine Personalleiterin eines mittelständigen Unternehmens. Tonalität partnerschaftlich. Du willst mit der E-Mail die Kerninhalte vermitteln und Neugierde wecken.*«
- Ein möglicher Schritt 2: falls das Mail zu lange ist: »*Bitte kürzer, maximal 200 Wörter.*«
- Ein möglicher Schritt 3: falls du vergessen hast, dass du die Empfängerin in euerer vorausgehenden Kommunikation geduzt hast: »*Bitte die E-Mail per du.*«

> Auch im Umgang mit KI ist Feedback unerlässlich. Ein iterativer Prozess führt so zum gewünschten Ergebnis.

Superfaktor Authentizität

Jetzt mal ganz ehrlich: Wie sehr freust du dich, wenn an deinem Geburtstag eine Glückwunschtextnachricht von der Stange eintrudelt? Definitiv weniger, als bei einer herzerwärmenden, auf dich zugeschnittenen Nachricht. Der Einsatz von KI-Texten für persönliche Botschaften kann von vielen als eine Art »Mogelpackung« wahrgenommen werden. Eine automatisierte, perfekt formulierte E-Mail mag auf den ersten Blick beeindruckend wirken, doch oft fehlt ihr das Wesentliche – nämlich Herz und Seele. Authentische Kommunikation ist unvollkommen, manchmal sogar fehlerhaft, aber gerade das macht sie menschlich und glaubwürdig. Perfektion und synthetische, glatte digital erzeugter Nachrichten schrecken den Empfänger einer Nachricht häufig eher ab, als ihn anzusprechen. Darum ist es im persönlichen Umgang mit KI-Texten ungemein wichtig, zu erkennen, was diese unauthentisch wirken lässt.

Wesentliche Merkmale eines KI-Textes der aktuellen Generation sind:

- **Altertümliche und verstaubte Formulierungen:** Oft werden E-Mails mit den Worten »Ich hoffe, diese Nachricht erreicht Sie wohlbehalten.« eingeleitet.
- **Superlative im Überfluss:** Chatbots verwenden häufig Superlative, wie »beste«, »außerordentlich« etc.
- **Übermäßige Neutralität oder Unpersönlichkeit:** KI-generierte Texte neigen dazu, neutral und unpersönlich zu sein, und vermeiden eine klare Positionierung.
- **Wiederholungen und Redundanz:** Oftmals wiederholt eine KI dieselben Punkte oder Ideen in leicht unterschiedlichen Formulierungen.
- **Mangel an tiefem Verständnis oder Kontext:** KI-Texte können oberflächlich korrekt erscheinen, aber bei genauerer Betrachtung fehlt es ihnen oft an einem tieferen Verständnis für das behandelte Thema.

Um diese Mängel zu vermeiden, ist es unerlässlich, den von der KI erstellten Text mit deinem eigenen Schreibstil zu überarbeiten. Als besseres Ausgangsmaterial kannst du der KI einige von dir verfasste Texte als Beispiel geben und sie auffordern, deinen Stil zu übernehmen. Einige Chatbots, z.B. ChatGPT oder CompanyGPT, bieten sogar die Möglichkeit von »Custom Instructions«. Hier kannst du beschreiben, wer du bist, welchen Kommunikationsstil du bevorzugst und was du auf jeden Fall vermeiden möchtest (z.B. verbotene Wörter). Dennoch – und diesen Punkt kann ich nicht deutlich genug betonen – solltest du einen KI-Text niemals unkontrolliert und unbearbeitet übernehmen.

> Es ist unerlässlich, den von der KI generierten Text zu prüfen und der eigenen Sprech- und Schreibweise entsprechend zu überarbeiten. Schließlich ist deine Authentizität ein Faktor, der dich von der KI abgrenzt und somit unersetzlich macht. Bewahre also selbst oder besser gesagt insbesondere beim Umgang mit einer KI deine Authentizität!

Insider-Tipps für gutes Prompten

Prompting ist ein Handwerk, das weit mehr als nur ein paar Erfolgsfaktoren umfasst – es berührt viele Aspekte und erfordert eine geschickte Anwendung. Meine Insider-Tipps sind darauf ausgelegt, dir zu helfen, deine digitale Kommunikation zu optimieren und letztendlich deine Arbeitsweise auf einen neuen Level zu heben. Nutze diese Tipps als Checkliste, um deinen persönlichen Stil zu entwickeln. Indem du sie anwendest, wirst du gängige Fehler umgehen, deine Interaktionen mit KI verbessern und dir so einen weiteren Wettbewerbsvorteil im Verkaufsalltag verschaffen.

Mit diesen heißen Tipps wirst du sofort zum Prompting-Profi, ganz ohne langwieriges Training:

- Wende die 5-W-Formel »Was-Wer-Wozu-Wie-Womit« konsequent an.
- Drücke dich klar und präzise aus und vermeide Mehrdeutigkeiten.
- Wende fundierte Managementmethoden und -prinzipien an, damit das Ergebnis zielgerichteter wird (z. B. AIDA-Prinzip, SWOT-Analyse).
- Formuliere deinen Prompt strukturiert. Verwende Trennzeichen, um einzelne Prompt-Themenbereiche abzugrenzen (z. B. Zeilenumbrüche oder auch Sonderzeichen wie z. B. #).
- Gib dem Chatbot ein Beispiel (z. B. eine E-Mail, die dir vom Aufbau und Inhalt gefällt).
- Nutze Variablen im Prompt, indem du sie einfach in eckigen Klammern im Prompt einfügst, z. B. [Variable]. Am Ende des Prompts kannst du dann alle Variablen als Block abfragen. Zum Beispiel: [Variable] = Link 1.
- Optimiere die Ergebnisse Schritt für Schritt. Nicht jeder Entwurf ist sofort perfekt.
- Biete dem Chatbot am Ende des Prompts an, dir Fragen zu stellen, um das Ergebnis zu verbessern.

- Richte erhöhte Aufmerksamkeit auf Fakten und Genauigkeit. Dort, wo es auf höchste Präzision ankommt, liegt nämlich eine große Schwäche der Chatbots.
- Beachte, dass Chatbots eine geringe Wiederholbarkeit haben. Das bedeutet, dass die Ergebnisse immer unterschiedlich sein werden.
- Speichere deine Prompts (z. B. in einem elektronischen Notizbuch), teile sie mit deinen Kolleginnen und Kollegen, perfektioniere sie.

> Achte beim Übertragen deiner Prompt-Ergebnisse stets darauf, dass du diese unformatiert in das gewünschte Zielprogramm übernimmst. Ansonsten gehst du das Risiko ein, dass die Formate in deinem Dokument nicht übereinstimmen und jeder sofort erkennen kann, dass du diese Passage hineinkopiert hast.

Um Prompt-Ergebnisse unformatiert zu übernehmen, hast du zwei Möglichkeiten: via Menü oder Shortcut. Für das Übernehmen per Shortcut markiere den gewünschten Text, drücke zum Kopieren STRG + C und füge den Text anschließend unformatiert mittels STRG + SHIFT + V an der gewünschten Stelle im Zieldokument ein. Um mithilfe des Menüs zu arbeiten, markiere den gewünschten Text, drücke die rechte Maustaste, wähle mittels Klicks auf die linke Maustaste »Kopieren« aus, klicke an der gewünschten Stelle im Zieldokument die rechte Maustaste und füge den Text unformatiert mit einem Linksklick auf »Nur Text einfügen« ein.

Mit Recht prompten

Die KI, wie wir sie von Chatbots wie ChatGPT kennen, mag zwar eine neue Spielwiese sein, ist jedoch kein rechtsfreier Raum. So gibt es etliche bestehende Gesetze, die auch bei der Verwendung von Chatbots gelten. Außerdem hat die Europäische Union die EU KI-Verordnung verabschiedet (engl. AI Act), die einen rechtlichen Rahmen für den Einsatz von KI-Systemen in der Europäischen Union schafft. Da ich kein Jurist bin, werde ich in diesem Kapitel nicht allzu tief in die Welt der Paragrafen eintauchen. Ebenfalls zu bedenken sind selbstverständlich länderspezifische Unterschiede im Rechtswesen. Deshalb biete ich an dieser Stelle keine Rechtsberatung, sondern ausschließlich eine grobe Orientierung für jene Bereiche, die für Verkäufer:innen, die mit Chatbots arbeiten, von Interesse sind.

> Es ist in jedem Fall ratsam, beim Umgang mit KI-generierten Daten oder Ergebnissen mit der eigenen Rechtsabteilung Rücksprache zu halten. Insbesondere sollten die Nutzungsbedingungen von KI-Anwendungen überprüft werden, um sicherzustellen, dass alle rechtlichen Aspekte geklärt sind und potenzielle Risiken minimiert werden.

Urheberrecht

Das Urheberrecht ist im Kontext der KI besonders relevant. Schließlich schützt es geistige Schöpfungen und gibt den Urheber:innen das ausschließliche Recht, ihre Werke zu nutzen und zu verwerten. Dies bedeutet, dass KI-generierte Werke nicht als urheberrechtlich geschützt gelten, da sie nicht auf der Grundlage menschlicher Kreativität entstehen. Daher solltest du beim

Einsatz von KI-Tools bedenken, dass die resultierenden Werke nicht automatisch denselben rechtlichen Schutz genießen wie von Menschen geschaffene Werke. Allerdings heißt dies nicht, dass du einfach deinen Namen unter einen KI-Text setzen und ihn für dich beanspruchen kannst. Dieses Vorgehen verstößt gegen das Gesetz gegen den unlauteren Wettbewerb (UWG). In einem Graubereich befindest du dich hingegen, wenn du mit einem eigenen Text arbeitest und diesen von einer KI lediglich ausbessern und verfeinern lässt, ohne dass dabei die Botschaft deines Inhalts verändert wird. Diesbezüglich wird es in naher Zukunft sicherlich ein Update im Urheberrecht geben.

Datenschutz und Persönlichkeitsrechte

In Sachen KI und Datenschutz greift vor allem die Datenschutz-Grundverordnung der EU (DSGVO). Diese ist ein Regelwerk der Europäischen Union, das unter anderem die Privatsphäre und Datensicherheit von EU-Bürger:innen sicherstellen soll. Hinsichtlich der Verwendung von Chatbots bedeutet dies für dich, dass du einerseits die personenbezogenen Daten deiner Kund:innen nicht ohne ihre Einwilligung verwenden darfst. Darunter fallen etwa Persönlichkeitsrechte wie »das Recht am eigenen Bild« sowie »das Recht am eigenen Namen«. Arbeitest du mit personenbezogenen Daten, solltest du ebenfalls beachten, dass du einen Chatbot von einem Anbieter nutzt, der ebenfalls DSGVO-konform handelt. Immerhin ist es nicht gestattet, die persönlichen Daten von EU-Bürger:innen auf einem Server zu speichern, der sich außerhalb der EU befindet.

Transparenzpflicht

Der sog. AI Act der EU richtet sich allen voran an die Hersteller und Betreiber von KI-Systemen. Das bedeutet, dass der private Gebrauch von Chatbots davon ausgenommen ist, während für die kommerzielle Verwendung eine bestimmte Transparenzpflicht besteht. Diese wird in Artikel 50 des EU AI Acts behandelt. In diesem ist für Nutzer:innen von Chatbots vor allem der vierte Absatz von Interesse, der besagt: »Wer ein KI-System einsetzt, das Bild-, Audio- oder Videoinhalte erzeugt oder manipuliert, die einen Deep Fake darstellen, muss offenlegen, dass die Inhalte künstlich erzeugt oder manipuliert wurden. …« sowie »Wer ein KI-System einsetzt, das Text generiert oder manipuliert, der zu dem Zweck veröffentlicht wird, die Öffentlichkeit über Angelegenheiten von öffentlichem Interesse zu informieren, muss offenlegen, dass der Text künstlich generiert oder manipuliert wurde. Diese Verpflichtung gilt nicht, … wenn der KI-generierte Inhalt einer menschlichen Überprüfung oder redaktionellen Kontrolle unterzogen wurde und eine natürliche oder juristische Person die redaktionelle Verantwortung für die Veröffentlichung des Inhalts trägt.« (Quelle: https://artificialintelligenceact.eu/de/article/50/)

Für Verkäufer:innen bedeutet dies, dass sie, insofern sie nicht im öffentlichen Interesse handeln, grundsätzlich KI-Texte nicht als solche kennzeichnen müssen. Mehr Vorsicht ist bei der Erstellung von visuellen Inhalten geboten, insbesondere was sogenannte Deep Fakes anbelangt, wobei hier die Verletzung von etwaigen Persönlichkeitsrechten noch schwerer wiegt als jene der Transparenzpflicht. Schreibst du etwa einen Prompt für ein Werbevideo, in dem Arnold Schwarzenegger für dein Produkt wirbt, reicht es hier nicht einfach aus, das Video als KI-generiert zu kennzeichnen, insofern du dir nicht die Erlaubnis von Herrn Schwarzenegger eingeholt hast.

Generell empfehle ich, dass du deinen Kundinnen und Kunden gegenüber transparent agierst, selbst wenn es das Gesetz nicht verlangt. Die Akzeptanz von Inhalten, die von der KI erstellt und vom Menschen überprüft, korrigiert und verfeinert wurden, steigt tagtäglich. Spielst du hierbei mit offenen Karten, baust du deine Kundenbeziehung auf einem stabilen Fundament auf.

Sonstiges

Ferner gelten natürlich alle Gesetze, die du ebenfalls tagtäglich im Alltag beachten musst. Die Nutzung von Chatbots für illegale Aktivitäten ist daher absolut strafbar. Lässt du beispielsweise von einer KI schlechte Rezensionen für deine Konkurrenz verfassen, ist dafür nicht die KI haftbar, sondern du.

Prompt-Beispiele für mehr Erfolg und weniger Stress

Ich bin fest davon überzeugt, dass passend formulierte Prompts deinen Verkaufsalltag erleichtern werden und dich als Verkäufer:in besser werden lassen. Die Praxisbeispiele in diesem Kapitel können dich sofort im Verkauf unterstützen und neue Ideen anregen. Obwohl die Prompts auf spezifische Fälle zugeschnitten sind, lassen sie sich mühelos für ähnliche Situationen umschreiben.

Die Prompt-Beispiele sind nach den folgenden Verkaufsschwerpunkten geordnet:

- Schnelle Erfolge für effizientes Arbeiten
- Wirkungsvolle Kommunikation
- Sammlung, Verdichtung und Weiterverarbeitung von Informationen
- Von der Idee zur Struktur, Taktik und Strategie
- Visuell überzeugen

Die Erstellung der nachfolgenden Beispiele erfolgte mit ChatGPT 4.0.b. Zusammen mit diesem Buch erhältst du auch einen digitalen Zugang zu den hier vorgestellten Prompts. Diese kannst du selbstverständlich an deine eigenen, spezifischen Bedürfnisse anpassen und einsetzen. Der hier abgebildete QR-Code führt dich zu den Prompts:

Schnelle Erfolge für effizientes Arbeiten

Zeit ist das kostbarste Gut im Verkauf. Während Ziele, Kundenanforderungen, Komplexität und das tägliche Arbeitspensum steigen, bleibt die verfügbare Zeit gleich. Die Prompts und Tipps im folgenden Abschnitt möchten dir dabei helfen, wertvolle Zeit zu sparen – ohne viel Aufwand.

SALES PROMPT #1 – Fehlerfrei schreiben

Die Praxis zeigt, dass die Toleranz der Kund:innen gegenüber schriftlichen Schwächen immer mehr abnimmt. Außerdem werden E-Mails oft von Personen gelesen, die dich nicht persönlich kennen. Somit wirken sich Fehler automatisch negativ auf deinen Ruf aus. Im B2B-Bereich werden Entscheidungen im Durchschnitt von drei bis fünf Personen getroffen, deren Urteil du durch einen fehlerfreien Beitrag positiv beeinflussen kannst. Ein fehlerfreier Text wird also immer überzeugender sein als einer mit Rechtschreib-, Grammatik-, Stil- oder Flüchtigkeitsfehlern. Einen makellosen Text zu verfassen, ist jedoch gar nicht so einfach. Schließlich existiert kaum ein Beruf, in dem du alle Zeit der Welt hast, deinen Text oft genug Korrektur zu lesen, um sicherzustellen, dass er deinen und den Ansprüchen der Kund:innen genügt. Hier schafft die KI zum Glück Abhilfe. Sprachmodelle beherrschen alle Details der deutschen Rechtschreibung und Grammatik. Um deinen Text auf Fehler zu überprüfen oder ihn gar zu verbessern, genügen oft ganz kurze Prompts.

> Fehler in Texten können deinen Erfolg beeinträchtigen, aber KI-gestützte Lösungen bieten eine effiziente Möglichkeit, die Textqualität zu verbessern.

Prompt für die schnelle Optimierung und Verbesserung deiner Texte

»Schreibe korrekt: Sehr geehrter Herr Müller, anbei finden dass Angebotsdokument. bei fragen einfach nachfragen.«

Sehr geehrter Herr Müller, anbei finden Sie das Angebotsdokument. Bei Fragen stehen wir Ihnen gerne zur Verfügung.

Alternativ dazu gibt es speziell darauf trainierte KI-Tools wie DeepL (www.deepl.com/write) oder LanguageTool (www.languagetool.org), die beide über eine kostenlose Basisfunktion verfügen.

Gestaltgesetze der Wahrnehmung

Diese psychologischen Prinzipien erklären, wie Menschen Informationen organisieren und wahrnehmen. Fehler in E-Mails können deine Wahrnehmung stören und dazu führen, dass du den Inhalt weniger effektiv aufnimmst, als dies bei einem fehlerfreien Text der Fall ist. Das Einhalten von Klarheit und Struktur in der schriftlichen Kommunikation hilft dir sowie den Leserinnen und Lesern deiner Texte, die zentralen Punkte besser zu erfassen und zu verstehen. (Weller & Harmanus 2021)

SALES PROMPT #2 – Anredeform ändern

Ob im Berufsleben geduzt oder gesiezt wird, hängt von deinem Gegenüber oder deiner Unternehmenskultur ab. Texte von einer Anredeform auf die andere zu umzuschreiben, ist eine Aufgabe, die sowohl fehleranfällig als auch mühsam sein kann. Insbesondere bei längeren Texten solltest du diese Aufgabe daher lieber einer KI überlassen. Hier ein Prompt, der dich diesbezüglich unterstützt.

Prompt für das Ändern der Anredeform von Sie auf Du

»Bitte ändere die Anredeform in diesem Text von ‚Sie' auf ‚Du'. Achte dabei auf die Grammatik und den Kontext, um die Bedeutung und den Ton des Originaltextes beizubehalten. Hier ist der Text: Anbei erhalten Sie mein Angebot. Bei Fragen bin ich jederzeit für Sie erreichbar. Mit besten Grüßen! Mister Digital Sales«

Anbei erhältst du mein Angebot. Bei Fragen bin ich jederzeit für dich erreichbar. Mit besten Grüßen, Mister Digital Sales

Kommunikationsunterstützungstheorie (Communication Accommodation Theory)

In der Kommunikationsunterstützungstheorie des Sozialpsychologen Howard Giles geht es darum, wie Menschen mit ihrer Art zu sprechen und sich auszudrücken auf ihre Gesprächspartner:innen wirken. Dabei gibt es zwei Möglichkeiten:

- Konvergenz liegt vor, wenn du deinen Kommunikationsstil an den deines Gegenübers anpasst. Dies sorgt für Nähe und baut eine positive Beziehung auf. Beachte allerdings, dass eine Überanpassung nicht authentisch wirkt und sich daher negativ auswirken kann.
- Unter Divergenz versteht man, wenn du dich in deinem Kommunikationsstil von deinem Gesprächspartner bzw. deiner Gesprächspartnerin unterscheidest. Damit schaffst du Distanz und erschwerst es dir, die andere Person mit deiner Botschaft zu erreichen.

In der Kundenbeziehung ist die passende Anredeform der erste Schritt, um den Kontakt zu deinen Kundinnen und Kunden zu verbessern.
(Giles 2016)

SALES PROMPT #3 – Excel-Formeln »on demand«

Excel ist ein äußerst nützliches Programm, dessen Wert durch die Kenntnis der entsprechenden Formeln enorm gesteigert wird. Diese Formeln haben wir zwar in unseren Lehr- und Schuljahren fleißig gelernt, aber kannst du dich noch an alle erinnern? Oft kommt es vor, dass wir Dinge lernen, die wir im Berufsleben jahrelang nicht benötigen, und wenn wir sie dann einmal brauchen, sind sie vergessen. Das ist so nachvollziehbar, wie es normal ist. Immerhin können wir uns nicht alles über einen längeren Zeitraum merken. Ein Gespräch mit dem Chatbot deiner Wahl hilft dir dabei, diese vergessenen Formeln wieder ins Gedächtnis zu rufen oder gar bisher unbekannte zu entdecken. Überlasse also der KI die Erstellung der Formeln, dann kannst du dich voll und ganz auf die Ergebnisse konzentrieren. Ein Prompt dieser Art macht dich im Nullkommanichts zu einem Excel-Profi.

> Ein Chatbot kann helfen, verlorenes Wissen wiederzugewinnen, aber auch neue Fähigkeiten zu erlangen, sodass du dich auf Ergebnisse statt auf den Weg dahin konzentrieren kannst.

Prompt für eine Excel-Formel für den Durchschnittswert von Verkaufszahlen

»Ich habe eine Excel-Tabelle, in der in Spalte A die Namen von 10 Mitarbeitenden und in Spalte B ihre jeweiligen Verkaufszahlen für den Monat stehen. Erstelle mir bitte eine Formel in Zelle C1, die den Durchschnittswert der Verkaufszahlen berechnet.«

Um den Durchschnittswert der Verkaufszahlen in einer Excel-Tabelle zu berechnen, kannst du die folgende Formel in Zelle C1 einfügen:

= MITTELWERT(B1:B10)

Kognitive Entlastung durch Automatisierung

Diesem Ansatz liegt die Theorie zugrunde, dass Automatisierung deine kognitive Belastung (Cognitive Load) reduziert. Dies ermöglicht es dir, dich auf anspruchsvollere Aufgaben zu konzentrieren, während sich Aufgaben, die deine Zeit und Energie fressen, automatisieren lassen. Grundlagen hierzu finden sich in der kognitiven Psychologie und den Theorien zur menschlichen Informationsverarbeitung. Daher ist es wichtig, dass du mühsame und repetitive Aufgaben identifizierst und testest, ob diese von KI-Chatbots übernommen werden können. (Heinold, Rosen & Wischniewski 2023)

SALES PROMPT #4 – Schreibblockade beheben

Es wäre wunderbar, wenn dir das Verfassen von E-Mails, Angeboten, Protokollen und anderen Schriftstücken stets leicht von der Hand gehen würde. Leider können Schreibblockaden jedoch überall lauern. Egal, ob es sich um ein leeres Blatt Papier oder eine unangenehme Aufgabe handelt, eine Schreibblockade ist nie ein willkommener Gast. In solchen Momenten kann die KI die Rolle eines Rausschmeißers übernehmen und die Schreibblockade mit einem Prompt wie dem folgenden deines Büros verweisen.

Kurzer Prompt gegen Schreibblockaden

»Erstelle eine Grobstruktur für mein Dienstleistungsangebot an einen Neukunden. Maximal 100 Wörter.«

Begrüßung und Einführung: Kurze Vorstellung Ihrer Firma und des Teams.

Übersicht der Dienstleistungen: Klare Darstellung der angebotenen Dienstleistungen mit Fokus auf Kundennutzen.

Anpassung an den Kunden: Erwähnen, wie Ihre Dienste speziell auf die Bedürfnisse des Neukunden zugeschnitten werden können.

Erfolgsbeispiele: Kurze Beschreibung früherer Erfolge oder Fallstudien, die die Effektivität Ihrer Dienstleistungen belegen.

Nächste Schritte: Klare Handlungsaufforderung und Beschreibung der nächsten Schritte, um die Zusammenarbeit zu initiieren.

Kontaktinformation: Bereitstellung aller notwendigen Kontaktdaten für Rückfragen oder zur Vereinbarung eines ersten Meetings.

Diese Struktur soll dem Neukunden einen schnellen Überblick bieten und das Interesse an einer weiteren Zusammenarbeit wecken.

Prokrastination

Schreibblockaden sind oft ein Effekt von Prokrastination, dem Aufschieben wichtiger Aufgaben. Dabei ist Selbstregulierung ein wirksames Mittel, um diesem Effekt entgegenzuwirken. Dies bedeutet, dass du lernst, dich selbst besser zu organisieren und zu motivieren. Dabei kannst du nach diesen fünf einfachen Schritten vorgehen:

- Kleine Ziele setzen: Anstatt zu versuchen, alles auf einmal zu erledigen, setze dir kleine, erreichbare Ziele. Schreibe z. B. heute 100 Wörter oder beende einen Absatz.
- Zeitplan erstellen: Plane feste Zeiten zum Schreiben ein. Betrachte sie als Termin, den du nicht verschieben darfst.
- Beobachte dich selbst: Achte darauf, wann und warum du zum Prokrastinieren neigst. Das kann dir helfen, bessere Strategien zu finden, um ihm entgegenzuwirken.
- Gefühle im Griff haben: Manchmal blockieren uns negative Gefühle beim Schreiben. Versuche, entspannt zu bleiben und dich nicht von Selbstzweifeln überwältigen zu lassen.
- Ruhige Umgebung schaffen: Suche dir einen ruhigen Platz zum Schreiben, wo du dich konzentrieren kannst und nicht abgelenkt wirst. Im Büro wird das zwar nicht immer möglich sein, hole aus dieser Situation aber trotzdem das Beste heraus.

Befolgst du diese Schritte, bist du der Prokrastination mindestens einen Schritt voraus. (Bandura 1997)

Wirkungsvolle Kommunikation

Eine unserer Schlüsselaufgaben liegt in der Kommunikation mit den Kund:innen. In unserer täglichen Interaktion neigen wir alle dazu, bestimmte Floskeln und Sprachmuster zu verwenden. So ist es eine Herausforderung, aus diesen gewohnten Mustern auszubrechen und eine kundenorientiertere kommunikative Vielfalt zu erhalten, insbesondere im Rahmen eines hektischen Arbeitsalltags. In einer Welt, in der Individualisierung zum Megatrend avanciert, wird die persönliche und maßgeschneiderte Kundenansprache zu einem Superfaktor. Es geht z.B. darum, Kundenbeziehungen nicht nur auf- und auszubauen, sondern auch Produkte und Dienstleistungen auf eine Weise zu präsentieren, die sowohl den individuellen Bedürfnissen der Kund:innen entspricht als auch authentisch und vor allem emotional ist.

SALES PROMPT #5 – Schreiben wirkungsvoller E-Mails

Seien wir doch ehrlich: Im hektischen Arbeitsalltag fehlt oft die Zeit, wirklich gute Mails zu schreiben. Damit geht viel Potenzial verloren, um neben der analogen auch die digitale Beziehungspflege auf hohem Niveau zu leben. Wenn du mit schlauen E-Mails deinen Verkaufserfolg steigern und deine Kundenbeziehungen stärken möchtest, kann ein Prompt wie dieser durchaus nützlich sein. Probier es doch einfach einmal aus!

Prompt für E-Mails zur Information über Preisanpassung

»Formuliere eine E-Mail, in der du als Verkaufstrainer mit Schwerpunkt KI im Vertrieb deine besten Kunden über eine Erhöhung der Tagessätze um 10% informierst. Die E-Mail soll maximal zwei Sätze umfassen und in einer formellen, aber freundlichen Tonalität verfasst sein, wobei das Du als Anredeform gewählt wird. Die Nachricht sollte die Preiserhöhung auf eine Weise kommunizieren, die Verständnis schafft und die gute Beziehung zu den Kunden nicht beeinträchtigt, ohne dabei auf übliche Begründungen wie Inflation einzugehen.«

Liebe Kundinnen und Kunden,

Ich möchte euch informieren, dass wir ab dem kommenden Quartal unsere Tagessätze für Verkaufstrainings, die auf die neuesten KI-Technologien im Vertrieb spezialisiert sind, um 10% anpassen müssen, um die Qualität und Aktualität unserer Inhalte weiterhin auf höchstem Niveau sicherstellen zu können. Euer bisheriges Engagement und Vertrauen in unsere Arbeit schätzen wir außerordentlich und sehen dieser Anpassung positiv entgegen, um euch auch zukünftig exzellente Trainings anbieten zu können.

Herzlichst
[Dein Name]

Soziale Austauschtheorie (Social Exchange Theory)

Gemäß dieser Theorie messen Menschen den Wert ihrer Beziehungen anhand der erzielten Belohnungen und aufgewendeten Kosten. Belohnungen können in Form von positivem Feedback, empathischem Verständnis oder tatkräftiger Unterstützung auftreten. Demgegenüber stehen die Kosten, wie beispielsweise investierte Zeit, aufgebrachte Energie oder tiefgehende emotionale Beteiligung. Du kannst einen intensiveren Kundenkontakt demnach als eine wertvolle Investition interpretieren, die maßgeblich dazu beiträgt, das Vertrauen zwischen den Beteiligten zu festigen. Mit regelmäßigen positiven Interaktionen kannst du die Beziehung nachhaltig stärken, indem du den Kundinnen und Kunden ein Gefühl der Wertschätzung und des Verstandenwerdens vermittelst. Dadurch baust du eine tiefergehende, vertrauensvolle Bindung auf, die über bloße Geschäftsbeziehungen hinausgeht und eine echte, für beide Seiten bereichernde Beziehung schafft. (Raab, Unger & Unger 2010)

SALES PROMPT #6 – Mit Social-Media-Beiträgen zur Marke ICH

Oft werden Social-Media-Beiträge in Eile geschrieben oder standardmäßig vom Marketing übernommen. Oder es fehlt gar an Kreativität, passende Themen zu erkennen. Im Umgang mit Social Media ist es entscheidend zu verstehen, dass jede deiner Aktivitäten auf einer öffentlichen Plattform einen Einfluss darauf hat, wie dich andere als Person wahrnehmen. Dies betrifft sowohl diejenigen, die dich persönlich kennen, als auch die Personen im Buying Center, mit denen du z. B. in einem Verkaufsprozess nicht direkt in Kontakt stehst. Letztere werden von deinen Beiträgen auf deinen Charakter und deine Kompetenz schließen. Stelle deshalb sicher, dass deine Social-Media-Beiträge die Rolle unterstützen, die du online verkörpern willst.

> Das Faszinierende an ChatGPT, CompanyGPT, Gemini, Copilot & Co. ist, dass du auf Knopfdruck eine Fülle an kreativen Social-Media-Postings erstellen kannst. Zudem ermöglichen sie dir, über Plattformen wie LinkedIn die zeitliche Verteilung geplanter Beiträge effizient zu steuern.

Doch wie nutzen wir diesen erheblichen Vorteil und wie gestaltet sich die optimale Arbeitsweise? Beginne damit, die Entwürfe für deine Postings mit einem Chatbot zu erstellen. Verfeinere diese Entwürfe im Anschluss im Wechsel mit der KI so weit, bis sie deinen Vorstellungen entsprechen. Anschließend kannst du sie in OneNote oder ein Word-Dokument kopieren, um die Postings dort punktuell zu überarbeiten und sorgfältig auf Richtigkeit zu prüfen, bevor du sie veröffentlichst. Dieser Prozess gewährleistet, dass deine Inhalte nicht nur kreativ und ansprechend, sondern auch korrekt und markengerecht sind. Ein Prompt wie dieser wird dir dabei unter die Arme greifen.

Prompt für richtig gute Postings

»Erstelle drei Facebook-Posting-Vorschläge für einen 30-jährigen, sportlich interessierten Außendienstmitarbeiter einer Versicherung, der im Raum Niederösterreich tätig ist. Jedes Posting soll sich an Familien und Sportler richten, maximal 50 Wörter umfassen, humorvoll und überzeugend sein, eine aktivierende Sprache verwenden und kein Fachvokabular enthalten. Füge in moderatem Maß Emojis hinzu und schließe jedes Posting mit drei passenden Hashtags ab. Jedes Posting soll speziell für einen der drei limbischen Typen konzipiert sein: Balance, Dominanz oder Stimulanz. Die Postings sollen die Produkte Unfallversicherung,

Reiseversicherung und Krankenversicherung bewerben und darauf abzielen, Anrufe von potenziellen Kunden zu generieren.«

Natürlich, hier sind drei Facebook-Posting-Vorschläge, die auf die unterschiedlichen limbischen Typen abgestimmt sind:

1. Für den Balance-Typ (Unfallversicherung)
Unfälle passieren, auch beim gemütlichen Sonntagsspaziergang 🚶‍♂️🍂. Mit unserer Unfallversicherung könnt ihr euch sorgenfrei bewegen – weil Sicherheit für die ganze Familie zählt! 🏡👨👩👧👦 #SicherheitZuerst #FamilienSchutz #Unfallfrei

2. Für den Dominanz-Typ (Reiseversicherung)
Bereit für das nächste Abenteuer? 🌍✈️ Mit unserer Reiseversicherung seid ihr der Boss jeder Situation – egal, wo auf der Welt. Für die, die immer einen Schritt voraus sind. 🏔️🏄‍♂️ #AbenteuerLust #WeltEntdecker #ReiseSicher

3. Für den Stimulanz-Typ (Krankenversicherung)
Krank sein? Nicht mit uns! 🏋️‍♂️💪 Unsere Krankenversicherung hält euch auf der Überholspur, egal ob Grippe oder gebrochener Arm. Bleibt aktiv, bleibt gesund! 🍏🚴‍♀️ #GesundLeben #AktivBleiben #TopFit

Limbic Selling

Das limbische System ist ein Teil des Gehirns und prägt unser Verhalten. Auf den darin verankerten Mechanismen basieren drei Kundentypen: balance-, stimulanz- und dominanzorientiert. Für ein wirksames Verkaufsgespräch ist es entscheidend, sich auf die individuellen Typen einzustellen, um ihre jeweiligen emotionalen »Kaufauslöser« zu aktivieren. Balance-Typen schätzen Sicherheit, Stimulanz-Typen suchen Abwechslung und Dominanz-Typen betonen Macht und Kontrolle. Das Verständnis dieser Unterschiede ermöglicht es dir, eine gezielte und effektive Kommunikation einzusetzen, um auf die Bedürfnisse und Wünsche jedes Kundentyps einzugehen. (Häusel 2019)

SALES PROMPT #7 – Erstellung einer wirksamen Agenda

In meinem Beratungsalltag beobachte ich, dass Termine oft mit einer uninspirierten Agenda verschickt werden. Dabei werden wichtige und eigentlich interessante Themen völlig emotionslos, oftmals in Wortfetzen, in tristen Auflistungen wie der Folgenden abgehandelt:

- Rückblick
- Aktuelle Situation
- Neue Lösungen und Ausblick
- Nächste Schritte

Weder der Absender dieser E-Mail noch die Empfänger:innen werden die Behandlung der Inhalte dieser Punkte als motivierend empfinden, sondern vielmehr als nötiges Übel erdulden und durcharbeiten. Eine eintönige Agenda weckt weder Vorfreude noch entfacht sie Neugier. Gelingt es dir jedoch, deine Agenda aufzupeppen und damit deine Adressatinnen und Adressaten persönlich anzusprechen und darüber hinaus emotional abzuholen, macht die Kommunikation nicht nur mehr Spaß, sondern sie garantiert auch bessere Ergebnisse. Dies kannst du mit einem Prompt wie dem folgenden erreichen.

Prompt für eine Agenda – »Anders als andere«

»Du bist Key Account Manager in der IT-Welt und möchtest eine Agenda für ein Jahresgespräch mit deinem Kunden (KMU, Bestandskunde seit drei Jahren) formulieren. Diese Agenda wird per E-Mail verschickt. Deine Produkte sind CRM-Systeme und Dienstleistungen. Die Zufriedenheit mit dem System ist hoch, die Weiterentwicklung des Systems stagniert, es konnten im letzten Jahr keine Dienstleistungsumsätze generiert werden. Die Teilnehmenden sind der Geschäftsführer [Herr GF] und die Verkaufsleiterin [Frau VL]. Sie sind nach dem limbischen System dominanzorientiert (Geschäftsführer) und stimulanzorientiert (Vertriebsleiterin). Ziel der Agenda ist es, die Neugierde zu wecken, dass der Empfänger andere Kollegen einladen wird. Der Termin soll zu neuen Umsätzen, z. B. der Weiterentwicklung des Systems, führen. Die Agenda soll kurz und kompakt sein. Die Tonalität ist formell, positive Sprache. Umfang maximal 100 Wörter. Inhalte sind:

- *Begrüßung*
- *Aktuelle Situation*
- *Neue Lösungen und Ausblick*
- *Nächste Schritte«*

Betreff: Einladung zum Jahresgespräch – Zukunftsweisende Perspektiven für unsere Zusammenarbeit

Sehr geehrter [Herr GF], sehr geehrte [Frau VL], wir freuen uns auf unser bevorstehendes Jahresgespräch und möchten folgende Punkte besprechen:
Begrüßung und kurzer Rückblick: Würdigung unserer erfolgreichen 3-jährigen Partnerschaft.
Aktuelle Situation: Anerkennung Ihrer Zufriedenheit mit unserem CRM-System und Überblick über die Stagnation bei der Weiterentwicklung.
Neue Lösungen und Ausblick: Vorstellung innovativer Funktionen und maßgeschneiderter Dienstleistungen, die Ihr Unternehmen voranbringen.
Nächste Schritte: Diskussion über potenzielle Upgrades und die Planung zukünftiger Erfolge.
Wir sind überzeugt, dass diese Agenda wichtige Impulse für die Weiterentwicklung Ihrer Geschäftsprozesse setzen wird, und freuen uns auf ein produktives Gespräch.

Mit freundlichen Grüßen
[Ihr Name]

Emotionsarbeit

70 bis 80% der Entscheidungen werden emotional getroffen, erst danach erfolgt die bewusste Rechtfertigung (=Legitimierung). Den Homo oeconomicus – den rational denkenden und entscheidenden Menschen – gibt es in seiner Reinform nicht, denn bei der Bewertung von Alternativen spielen Emotionen oft eine große Rolle. Es ist hilfreich, sich vor Augen zu halten, wie viel Zeit wir mit Kundinnen und Kunden auf der sachlichen Ebene und wie viel Zeit auf der Beziehungsebene verbringen. Durch Fragen können wir schnell und aktiv zwischen den Ebenen wechseln. Dr. Hans-Georg Häusel formuliert drastisch: Alles, was in unserem Hirn keine Emotion auslöst, ist wertlos. (Häusel 2019)

SALES PROMPT #8 – Die richtigen Worte finden

Hand aufs Herz: Hast du dich jemals darüber gefreut, wenn eine Kundenreklamation in deinem Posteingang gelandet ist? Kannst du dich emotional davon distanzieren oder belasten dich solche E-Mails? Bist du verunsichert, wenn es darum geht, die richtigen Worte zu finden? Schließlich könnten ein falsches Wort oder ein missverstandener Begriff fatale Konsequenzen nach sich ziehen. Es ist vollkommen normal, wenn nach einer Reklamation die Stimmung getrübt ist.

Trotzdem muss jeder Reklamation Genüge getan werden – egal ob berechtigt oder unberechtigt–, was zusätzlichen Arbeitsaufwand erfordert. Schließlich kann aus einem unzufriedenen Kunden ein loyaler Kunde werden, wenn du seiner Reklamation sofortige Aufmerksamkeit schenkst und du erreichst, dass das entsprechende Problem behoben wird. Dadurch hat dein Kunde den Beweis, dass er dir vertrauen kann, selbst wenn nicht alles nach Plan verläuft. Ein Prompt wie der unten angeführte wird dich bei dieser Aufgabe unterstützen.

> Kundenbeschwerden können zur Chance werden: Mit KI-unterstützten, sachlich wie emotional passenden Antworten können wir das Kundenvertrauen und die Kundenbindung stärken.

Prompt für sachliche und emotionale Kundenansprache

»Verfasse eine kundenspezifische E-Mail für eine Kundin, die sich über die Nichtverfügbarkeit von Kinderwanderschuhen im Onlineshop eines Sportartikelhändlers beschwert. Die Absenderin ist eine langjährige Stammkundin. Die E-Mail soll Verständnis für den Unmut der Kundin ausdrücken, die Serviceorientierung des Unternehmens betonen und eine alternative Lösung, wie den Besuch eines nahe gelegenen Stores, anbieten. Die E-Mail soll einfache Sprache verwenden, direkt auf das Produkt und die Zielgruppe eingehen und die Unternehmenswerte (Serviceorientierung; Fairness; Kundennähe) widerspiegeln. Formuliere keine Standard-E-Mail. Länge maximal 100 Wörter. Ziel ist es, Verständnis zu zeigen, der Kundin das Gefühl zu geben, dass ihre Bedürfnisse ernst genommen und wertgeschätzt werden, einen Lösungsvorschlag anbieten und eine positive Kundenbeziehung zu fördern.«

Betreff: Wir kümmern uns um Ihr Anliegen – Kinderwanderschuhe

Hallo [Kundenname],

wir verstehen Ihren Ärger über die fehlenden Kinderwanderschuhe in unserem Onlineshop und bedauern die Unannehmlichkeiten. Als geschätzte Stammkundin möchten wir Ihnen nahelegen, unseren nächstgelegenen Store zu besuchen, wo wir eine Auswahl speziell für Sie bereithalten. Ihr Vertrauen ist uns wichtig, und wir sind stets bemüht, Ihren Einkauf so angenehm wie möglich zu gestalten. Für weitere Unterstützung stehen wir jederzeit bereit.

Herzliche Grüße
[Ihr Name]
Kundenservice [Unternehmensname].

Nudge Theory

Die Nudge Theory ist ein Konzept aus der Verhaltensökonomie, bei der subtile Anstöße genutzt werden, um Menschen in eine bestimmte Richtung zu lenken, ohne dabei ihre Freiheit einzuschränken. Sie basiert auf der Erkenntnis, dass Menschen oft aus Gewohnheit und Emotionen heraus entscheiden. Beispielsweise kannst du durch das positive Hervorheben von Vorteilen, das Aufzeigen anderer, die dasselbe tun, das Festlegen einer Standardoption oder das Anbieten von Belohnungen Emotionen in Entscheidungsprozessen nutzen und bei Kund:innen das von dir gewünschte Verhalten fördern. Die auf der Nudge Theory basierende Strategie ist eine effektive Methode, mit der du auf eine sanfte Weise die Wahl deiner Kund:innen beeinflussen kannst. (Thaler & Sunstein 2009)

SALES PROMPT #9 – Schriftliche Kommunikation mit schwierigen Charakteren

Egal ob im Kontakt mit Kunden, Kollegen oder Vorgesetzten, wir haben es im Berufsleben nicht immer mit den umgänglichsten Personen zu tun. Aus eigener Erfahrung weiß ich auch nur zu gut, dass wir es uns mit manchen Charakteren einfach schwertun. Die Interaktion mit solchen schwierigen Persönlichkeiten – wie beispielsweise Narzissten, Cholerikern oder extremen Sturköpfen – lässt sich im Arbeitsalltag aber leider nicht vermeiden. Deswegen ist jedes Hilfsmittel willkommen, das dir die schriftliche Kommunikation mit solchen Menschen erleichtert und dich dabei unterstützt, trotz deiner berechtigten Frustration höflich und produktiv auf ihre Anliegen zu reagieren. Mit einem Prompt wie diesem sind Nachrichten von schwierigen Persönlichkeiten kein Albtraumszenario mehr.

Prompt für eine höfliche E-Mail, die an einen Narzissten gerichtet ist

»Du bist Softwareentwickler, hast einen Kunden bei einem mehrmonatigen Digitalisierungsprojekt begleitet. Dein Ansprechpartner ist ein Narzisst. Im Juni hast du ein Angebot für die Fortsetzung gelegt. Die E-Mails und Anrufe hat er nicht beantwortet. Im Oktober hat er dich angerufen und gesagt, er meldet sich noch vor Allerheiligen mit einem Terminvorschlag. Es ist kein Vorschlag gekommen. Heute hast du ihm eine Erinnerungs-E-Mail mit folgendem Inhalt geschickt, woraufhin er dir die Schuld dafür in die Schuhe geschoben hat, dass der Termin nicht zustande gekommen ist – was nicht stimmt:

Lieber Norbert Narzisst, ich hoffe, du bist gut in die neue Woche gestartet. Ist es möglich, dass wir uns, sobald du wieder etwas Spielraum in deinem Terminkalender hast, bezüglich der Fortführung unseres Digitalisierungsprojekts austauschen? Ich freue mich auf deinen Vorschlag für einen geeigneten Termin. Beste Grüße Emil Entwickler.

Er antwortete wie folgt auf deine E-Mail:

Hallo Emil Entwickler, schön, wieder von dir zu hören.

Ich wollte das mit dir ohnehin bereits besprechen, aber aufgrund von terminlichen Schwierigkeiten kam es leider nicht dazu. Du hättest mir ruhig einen Termin nennen können, aber das hast du wohl verschlafen. Deswegen sehe ich aktuell keinen Anlass, unser Projekt fortzuführen.

Liebe Grüße
Norbert Narzisst.

Wie soll ich nun kurz und prägnant, aber höflich antworten? Ziel: ein guter Abschluss der Zusammenarbeit, ohne die von ihm verfasste Lüge anzusprechen. Die Möglichkeit einer zukünftigen Kooperation soll nicht ausgeschlossen werden. Was ich nicht will: Eine Reaktion auslösen, die die Person verärgert oder ein ähnliches unangenehmes Gefühl auslöst. Bitte verfasse einen E-Mail-Vorschlag.«

Betreff: Blick nach vorn

Lieber Norbert,

herzlichen Dank für deine schnelle Rückmeldung. Ich verstehe vollkommen, dass terminliche Herausforderungen bestehen, und schätze deine Offenheit sehr.

Es war mir eine Freude, an unserem gemeinsamen Projekt zu arbeiten, und ich bin stolz auf das, was wir erreicht haben. Ich bleibe optimistisch hinsichtlich zukünftiger Gelegenheiten, unsere Zusammenarbeit fortzusetzen, wann immer sich der richtige Moment ergibt.

Bis dahin wünsche ich dir und deinem Team weiterhin viel Erfolg. Bitte betrachte mich jederzeit als Ressource, sollte Bedarf bestehen.

Mit besten Wünschen
Emil Entwickler

Assertiveness

Assertiveness ist ein Konzept, das ursprünglich aus der Psychologie stammt und sich ideal für die Kommunikation mit schwierigen Persönlichkeiten eignet. Hierbei geht es darum, deine eigenen Standpunkte klar und selbstbewusst zu vertreten, ohne dabei aggressiv oder konfrontativ zu sein. Eine assertive Herangehensweise ermöglicht es dir, auch in schwierigen Kommunikationssituationen deinen Standpunkt effektiv zu vertreten und gleichzeitig respektvoll zu bleiben. Beispielsweise, wenn du im Verkauf mit hartnäckigen und fordernden Kundinnen und Kunden konfrontiert wirst, kannst du assertiv reagieren, indem du fest, aber höflich deine Grenzen setzt und gleichzeitig eine Lösung anbietest, die auch die Bedürfnisse der Gegenseite berücksichtigt.

Statt zu sagen: »Das können wir nicht machen«, könnte eine assertive Antwort lauten: »Ich verstehe Ihre Bedenken. Lassen Sie uns gemeinsam eine Lösung finden, die für beide Seiten funktioniert.« Dieser Ansatz hilft dir dabei, eine offene und respektvolle Kommunikation aufrechtzuerhalten, ohne dabei deine Interessen zu vernachlässigen. (Paterson 2022)

Sammlung, Verdichtung und Weiterverarbeitung von Informationen

Das Zitat »Wir ertrinken in Informationen, aber uns dürstet nach Wissen« von John Naisbitt zeichnet ein treffendes Bild unseres modernen Alltags. In der Welt des Dokumentenmanagements erleben wir einen stetig ansteigenden Fluss an Informationen. Es wird zunehmend schwieriger, den Überblick zu bewahren, geschweige denn das Wesentliche zu erkennen und in einem vernetzten Kontext zu betrachten. In dieser Informationsflut erweist sich künstliche Intelligenz als dein Rettungsschwimmer in der Not. Sie hilft dir nicht nur, die schiere Menge an Daten zu bewältigen, sondern darüber hinaus, tiefere Einsichten zu gewinnen und neues Wissen zu schöpfen. KI-Technologien sind dein Kompass, der dir Orientierung gibt und es dir ermöglicht, die relevanten Informationen effektiv zu nutzen.

Künstliche Intelligenz unterstützt uns dabei, mit der stetig wachsenden Datenmenge umzugehen, indem sie – durch die richtigen Prompts – Schritte der Datensammlung, -verdichtung und -verarbeitung übernimmt.

SALES PROMPT #10 – Kundenrecherche mittels SWOT-Analyse

Die SWOT-Analyse ist eines der wesentlichen Instrumente in der Gestaltung von Strategien für deine kurz-, mittel- sowie langfristige Planung. Der Zeitaufwand, um alle relevanten Stärken (Strengths), Schwächen (Weaknesses), Chancen (Opportunities) und Risiken (Threats) zu recherchieren, ist jedoch immens. Ein Prompt wie dieser hier liefert dir die gewünschte SWOT-Analyse in Windeseile.

Prompt für die Erstellung einer professionellen SWOT-Analyse

»Erstelle als Wirtschaftsexperte mit hoher Fachkompetenz eine SWOT-Analyse für die NBD Management GmbH als Aufzählung. Konzentriere dich auf ihre Beratungs- und Trainingsdienstleistungen im Bereich der Digitalisierung im Vertrieb, speziell im B2B-Sektor. Verwende Informationen von der Unternehmenswebsite www.nbd.at *und anderen relevanten Quellen, um eine umfassende Analyse der Stärken, Schwächen, Chancen und Risiken der NBD Management GmbH zu erstellen. Die Analyse sollte in Form einer Aufzählung präsentiert werden und wird als Entscheidungsgrundlage für einen potenziellen Kunden dienen. Bitte begrenze die Ergebnisse je SWOT-Bereich auf ein Wort, d. h. eine Stärke, eine Schwäche usw. Das gesamte Ergebnis darf nicht mehr als 100 Wörter haben. Achte darauf, dass die Analyse fachlich fundiert, spezifisch und so konkret wie möglich ist, um dem potenziellen Kunden eine fundierte Entscheidungsgrundlage zu bieten.«*

Basierend auf den Informationen von der Website der NBD Management GmbH und deren Spezialisierungen können wir eine SWOT-Analyse für ihre Beratungs- und Trainingsdienstleistungen im Bereich der Digitalisierung im Vertrieb, speziell im B2B-Sektor, erstellen. Diese Analyse integriert die Kernkompetenzen und Dienstleistungen von NBD Management GmbH, wie sie auf deren offiziellen Seiten dargestellt sind

Stärken: Ganzheitlicher Ansatz: Umfassende Unterstützung im digitalen Wandel mit Fokus auf CRM und KI.

Schwächen: Spezialisierungsbegrenzung: Risiko durch starke Fokussierung auf Digitalisierungsberatung.

Chancen: Marktwachstum: Steigende Nachfrage nach Digitalisierung im B2B-Vertrieb.

Risiken: Technologische Veränderungen: Bedarf an kontinuierlicher Innovation wegen schnelllebiger Technologieentwicklungen.

SWOT-Analyse

Die SWOT-Analyse ist eine nützliche Methode, die dir dabei hilft, Stärken, Schwächen, Chancen und Risiken zu identifizieren und zu bewerten. Sie besteht aus zwei Teilen: der internen Analyse (Stärken und Schwächen) und der externen Analyse (Chancen und Risiken). Die internen Aspekte beziehen sich auf Ressourcen, Fähigkeiten und Aspekte innerhalb des Unternehmens. Stärken sind dabei die Vorteile, die das Unternehmen gegenüber Wettbewerbern hat, während Schwächen Bereiche sind, in denen Verbesserungen erforderlich sind. Die externen Aspekte beinhalten Faktoren außerhalb des Unternehmens, die dessen Erfolg beeinflussen können.

Chancen sind günstige externe Umstände, die genutzt werden können, während Risiken potenzielle Bedrohungen darstellen, die von außen kommen. Durch die Analyse dieser vier Elemente erhältst du eine umfassende Sicht auf die aktuelle Situation deines Unternehmens. (Barney 1995)

SALES PROMPT #11 – Branchen-Insights für ein besseres Kundenverständnis

Kundinnen und Kunden wollen nicht nur betreut, sondern auch sich selbst und ihre Tätigkeit verstanden wissen. Um erfolgreich zu sein, musst du dieses Verständnis deutlich zum Ausdruck bringen, denn nur ein ganzheitliches Bild ermöglicht es dir, ganzheitliche Lösungen anzubieten, die von deinen Kund:innen zu 100 % angenommen werden.

Erkennst du bei deiner Recherche bereits einen relevanten Branchen-Insight, von dem du sowohl intuitiv als auch faktisch weißt, dass er eindeutig für deinen Kunden oder deine Kundin richtig ist, dann hast du das Geschäftsgespräch bereits gewonnen, bevor es überhaupt angefangen hat. Auf der Suche danach kann KI zu einem wertvollen Instrument werden. Mit einem Prompt wie diesem gelangst du auf die Siegerspur.

Prompt für eine Branchenrecherche, einen Text für die Ausgangssituation im Angebot und Schlüsselfragen für das Erstgespräch

»Als Wirtschaftsexperte in Österreich mit tiefem Branchenwissen im Dienstleistungsbereich (Verkaufstrainings B2B) führe eine Analyse der aktuellen Herausforderungen und Trends für ein spezifisches Unternehmen die NBD Management GmbH durch, das eigentümergeführt ist, einen Standort hat, langjährige und kompetente Mitarbeitende beschäftigt, aber eine hohe Digitalisierung aufweist. Erstelle eine Aufzählung mit jeweils einer Herausforderung und einem Haupttrend. Füge nach einer Leerzeile einen zusammenfassenden Absatz (maximal 30 Wörter) hinzu, der mit ‚Generell ist in Ihrer Branche zu beobachten, dass …‘ beginnt. Diesen Absatz möchtest du in deinen Angeboten verwenden, um dein Kundenverständnis zu vermitteln. Anschließend formuliere, wieder nach einer Leerzeile, zwei gut strukturierte Fragen aus dem Bereich des systemischen Coachings, die in Kundengesprächen dazu dienen, neue Perspektiven und Erkenntnisse zu ermöglichen.«

Herausforderung: Anpassung an die digitale Transformation

Trotz hoher Digitalisierung könnte die kontinuierliche Anpassung an die rasch fortschreitende technologische Landschaft eine Herausforderung darstellen. Die Notwendigkeit, die digitalen Fähigkeiten der Mitarbeitenden kontinuierlich zu entwickeln und die Unternehmensprozesse stets an die neuesten digitalen

Trends anzupassen, erfordert ständige Investitionen in Weiterbildung und Technologie.

Haupttrend: Personalisierte Verkaufstrainings

Der Trend geht hin zu immer stärker personalisierten Verkaufstrainingsprogrammen, die auf die spezifischen Bedürfnisse der Kunden zugeschnitten sind. Durch den Einsatz von Datenanalyse und KI können Trainingsinhalte maßgeschneidert werden, um die Effektivität zu maximieren und den Verkaufserfolg zu steigern.

Angebotsabsatz

Generell ist in Ihrer Branche zu beobachten, dass die Personalisierung von Trainingsinhalten und die fortlaufende digitale Kompetenzentwicklung entscheidend sind.

Systemische Coaching-Fragen:

Reflexionsfrage: »Wenn Sie sich eine Zukunft vorstellen, in der Ihr Unternehmen die aktuellen digitalen Herausforderungen vollständig gemeistert hat, wie sieht diese aus und was hat sich auf dem Weg dorthin als am wertvollsten erwiesen?«

Diese Frage zielt darauf ab, den Klienten zu ermutigen, über die langfristigen Ziele und die notwendigen Schritte für eine erfolgreiche digitale Transformation nachzudenken. Sie fördert das visionäre Denken und hilft, konkrete Ansatzpunkte für die aktuelle Situation zu identifizieren.

Perspektivenwechsel-Frage: »Angenommen, Ihre Konkurrenten betrachten Ihre Strategie zur digitalen Transformation und Ihr angepasstes Verkaufstraining; welche Aspekte würden sie als besonders innovativ oder als verbesserungswürdig einschätzen?«

Diese Frage regt die Klienten an, ihre eigene Unternehmensstrategie aus einer externen Perspektive zu betrachten und kritisch zu bewerten. Sie fördert das strategische Denken und kann zu neuen Einsichten führen, die zur Verbesserung der aktuellen Ansätze beitragen.

Tipping Point

Der Tipping Point im Verkauf beschreibt den entscheidenden Moment beziehungsweise Wendepunkt, an dem das Kundengespräch sich zu deinen Gunsten verändert. Dieser Moment markiert den Übergang von bloßer Neugier oder Überlegung zu einer festen Entscheidung, einen Kauf zu tätigen. Es ist der Punkt, an dem alle Zweifel und Einwände überwunden sind und der Kunde bzw. die Kundin vollständig von den Vorteilen und dem Wert deines Angebots überzeugt ist. Um diesen Wendepunkt zu erreichen, musst du nicht nur die Eigenschaften und Vorteile des Produkts oder der Dienstleistung effektiv kommunizieren, sondern auch ein tiefes Verständnis für die Bedürfnisse, Wünsche und Bedenken deiner Kundinnen und Kunden zeigen. Dies erfordert sorgfältiges Zuhören, Empathie und die Fähigkeit, Lösungen anzubieten, die genau auf die spezifischen Anforderungen deiner Kundinnen und Kunden zugeschnitten sind. Somit liegt es in deiner Kraft, diesen Moment, der den Unterschied zwischen einem potenziellen Kunden und einem tatsächlichen Käufer ausmacht, Wirklichkeit werden zu lassen. (Gladwell 2016)

SALES PROMPT #12 – Marktvergleich eines Angebots

Der Vergleich ist eine der grundlegendsten und bewährtesten Analysemethoden. Beginnend bei Entscheidungen der frühen Menschheitsgeschichte, wie z. B. welches Material für Speerspitzen besser geeignet ist, bis hin zu wirtschaftlichen Überlegungen der Neuzeit, wie z. B. ob eine Währung auf dem Goldstandard beruhen soll oder nicht, ist der Vergleich die wirksamste Methode, um zu bestimmen, welche der möglichen Optionen die beste Wahl ist. Im beruflichen Kontext ist der Vergleich zweier Angebote bestimmt keine Unbekannte für dich. So wirksam diese Methode auch ist, die Recherche der verfügbaren Optionen kann viel Zeit in Anspruch nehmen. Darum ist es effizienter, diese Aufgabe der KI zu überlassen und dich auf die Entscheidungsfindung zu konzentrieren. Mit einem Prompt wie diesem ist das kein Problem.

Prompt für den Vergleich von Leistungen zweier Websites

»Als Softwareexperte aus dem Silicon Valley führe eine detaillierte Analyse der beiden Office-Lösungen, zu finden auf https://www.libreoffice.org *und* https://www.openoffice.org, *durch. Erstelle eine Tabelle in deutscher Sprache, in der die Stärken und Schwächen der beiden Leistungen in Form einer Pro-Kontra-Liste gegenübergestellt werden. Achte, dass der Vergleich klar und verständlich ist. Berücksichtige dabei Aspekte wie Qualität, Kosten, Kundenzufriedenheit, Anpassungsfähigkeit an verschiedene Kundenanforderungen und Innovationsgrad. Ziel ist es, eine klare*

und umfassende Entscheidungsgrundlage zu schaffen, um zu bestimmen, welche Office-Lösung für eine Nutzung im Unternehmen besser geeignet ist. Stelle sicher, dass die Analyse detailliert und objektiv ist.«

Um eine detaillierte Pro-Kontra-Liste beider Office-Lösungen zu erstellen, werde ich basierend auf allgemeinen Informationen und meinem Fachwissen über LibreOffice und Apache OpenOffice einen Vergleich durchführen. Beide sind freie und offene Softwarepakete, die ähnliche Anwendungen bieten, darunter Textverarbeitung, Tabellenkalkulationen, Präsentationen und mehr. Sie basieren auf demselben Code, aber es gibt Unterschiede in der Entwicklungsgeschwindigkeit, Community-Unterstützung und Funktionalitäten.

LibreOffice

Vorteile:

- *Aktivere Entwicklung: Schnellere Veröffentlichung neuer Funktionen und Sicherheitsupdates.*
- *Größere Community: Führt zu besserem Support und mehr Erweiterungen/Templates.*
- *Bessere Kompatibilität: Fortschrittlichere Unterstützung für neuere Dokumentformate, einschließlich Microsoft-Office-Formate.*
- *Mehr Funktionen: Tendenz zu innovativeren Funktionen und Verbesserungen.*

Nachteile:

- *Ressourcenbedarf: Kann auf älteren Systemen mehr Ressourcen verbrauchen.*
- *Komplexität: Mit mehr Funktionen könnte es für manche Benutzer zu komplex sein.*

Apache OpenOffice

Vorteile:

- *Stabilität: Wird als stabiler auf älteren Computern angesehen.*
- *Einfachheit: Kann für Benutzer, die keine komplexen Funktionen benötigen, einfacher zu benutzen sein.*

Nachteile:

- *Langsamere Entwicklung: Updates und neue Funktionen erscheinen langsamer.*
- *Kleinere Community: Führt zu weniger verfügbaren Erweiterungen/Templates und möglicherweise langsamerem Support.*

Gemeinsamkeiten

- *Kostenlos: Beide sind kostenlos verfügbar.*
- *Open Source: Ermöglicht Anpassung an spezifische Bedürfnisse.*
- *Plattformübergreifend: Verfügbar für Windows, macOS und Linux.*

Entscheidungsgrundlage

Unternehmen sollten LibreOffice wählen, wenn sie Wert auf schnelle Innovationen, umfangreiche Kompatibilität mit verschiedenen Dateiformaten und aktiven Community-Support legen. Apache OpenOffice könnte eine bessere Wahl für Unternehmen sein, die eine stabile Lösung mit einfacherer Bedienung und geringerem Ressourcenbedarf auf älteren Systemen suchen.

Diese Analyse beruht auf allgemein bekannten Informationen und Trends in der Entwicklung beider Projekte. Für spezifische Anforderungen und aktuelle Entwicklungen sollte direkt auf die jeweiligen Websites oder Community-Foren der Projekte zugegriffen werden.

Das Alleinstellungsmerkmal (Unique Selling Proposition)

Das Alleinstellungsmerkmal bezeichnet ein einzigartiges Verkaufsargument oder den einzigartigen Vorteil eines Angebots. Es ist das Besondere, das ein Angebot von allen anderen am Markt unterscheidet, der Kern der Marke oder des Produkts, der es eindeutig identifizierbar und attraktiv macht. Das Erkennen eines Alleinstellungsmerkmals hilft dir sowohl dabei, selbst Entscheidungen zu treffen, als auch deinen Kundinnen und Kunden die Entscheidungsfindung zu erleichtern. Stelle dir vor Verkaufsgesprächen deshalb stets die folgende Frage: »Warum sollte ein Kunde dein Angebot gegenüber anderen verfügbaren Optionen wählen?« Hierbei können sich Alleinstellungsmerkmale auf verschiedene Aspekte beziehen, wie etwa innovative Technologien oder einzigartige Funktionen, außergewöhnliche Qualität oder Leistung, die von deinen Mitbewerbern nicht erreicht wird, Kosteneffizienz, die einen finanziellen Vorteil für den Kunden bietet, sowie eine emotionale Verbindung, etwa durch ein einzigartiges Design oder eine Markengeschichte. In der heutigen, oft gesättigten Marktlage ist ein klar definiertes Alleinstellungsmerkmal essenziell, um Aufmerksamkeit zu gewinnen, Kaufentscheidungen positiv zu beeinflussen und langfristige Kundenloyalität aufzubauen. (Reeves 2021)

SALES PROMPT #13 – Ausarbeitung von kundenspezifischen Vorteilen

Ein Verkaufsprofi kann die besten Produkte oder Dienstleistungen anbieten und trotzdem unterdurchschnittlich abschneiden. Ein Grund hierfür liegt darin, dass er mögliche Verknüpfungspunkte zwischen seinem Angebot und dem Bedarf der Kundinnen und Kunden nicht erkennt und es daher nicht optimal darauf abstimmt. Darum muss es dein Ziel sein, stets genau zu wissen, welche spezifischen Eigenschaften deiner Produkte und Dienstleistungen die Bedürfnisse deiner Kundinnen und Kunden optimal erfüllen können. Mit der Hilfe eines Chatbots ist das keine Hexerei. So etwa mit diesem Prompt.

Prompt für Analyse einer Kundenwebsite, um den Bedarf für das eigene Produkt (Dokumentenmanagementsystem) zu ermitteln

*»Führe eine detaillierte Analyse der Website des Unternehmens NBD (*https://www.nbd.at*) durch, um zu bestimmen, wie ein elektronisches Dokumentenmanagementsystem eingesetzt werden könnte. Identifiziere spezifische Bereiche und Funktionen der Website, die von einem DMS profitieren könnten. Formuliere konkrete Vorteile und Argumente, die speziell auf das Unternehmen NBD zugeschnitten sind, und zeige auf, wie ein DMS die Effizienz, Sicherheit und Zugänglichkeit von Dokumenten verbessern könnte. Liste die Ergebnisse in einer Tabelle auf, wobei jedes Argument einen direkten Bezug zum Unternehmen hat und so formuliert ist, dass es einen Geschäftsführer neugierig macht.«*

Die Website von NBD bietet verschiedene Dienstleistungen und Ressourcen an, darunter Beratung zur digitalen Transformation, Trainingsprogramme, systemisches Coaching und Plattformen für digitale Verkaufsförderung. Für eine detaillierte Analyse, wie ein elektronisches Dokumentenmanagementsystem (DMS) eingesetzt werden könnte, sind hier einige allgemeine Vorschläge:

- **Beratungsdokumentation und -materialien:** *Ein DMS könnte die Organisation, Sicherung und den schnellen Zugriff auf Beratungsprojektdokumente, Verträge und KI-Prototyping-Berichte verbessern.*
- **Trainings- und Workshop-Materialien:** *Ein DMS könnte die Verwaltung von Schulungsmaterialien, Teilnehmendenunterlagen und Feedbackformularen optimieren.*
- **Content-Management für die Plattform:** *Für ihre Content-Plattform und den Verlag könnte ein DMS die Erstellung, Überarbeitung und Veröffentlichung von Inhalten effizienter gestalten.*
- **Kundendaten und CRM-Integration:** *Ein DMS könnte mit dem CRM-System integriert werden, um Kundendokumente direkt mit Kundenprofilen zu verknüpfen und den Zugriff zu verbessern.*

Konkrete Vorteile eines DMS für NBD könnten Effizienzsteigerung bei der Dokumentenverarbeitung, verbesserte Sicherheit durch Zugriffskontrollen und Verschlüsselung, sowie die Optimierung der Zusammenarbeit durch gemeinsame Dokumentennutzung sein. Ein DMS könnte auch die Compliance und das Audit-

Tracking durch verbesserte Dokumentations- und Versionskontrollen unterstützen.

Reziprozitätsprinzip

Dieses Prinzip basiert auf der tief verwurzelten menschlichen Neigung, erhaltene Freundlichkeiten wie z. B. einen besonderen Einsatz in der Vorbereitung mit gleicher Münze zu vergelten. In einem geschäftlichen Rahmen bedeutet dies, dass du, wenn du proaktiv den Dialog mit deinen Kundinnen und Kunden suchst und sorgfältig auf deren individuelle Bedürfnisse und Wünsche eingehst, in den meisten Fällen mit Wertschätzung belohnt wirst. Diese Wertschätzung äußert sich in Form von verstärkter Kundentreue und einem gesteigerten Vertrauensverhältnis. Eine solche positive Dynamik entsteht, wenn deine Kundinnen und Kunden das Gefühl haben, dass ihre Anliegen nicht nur gehört, sondern auch ernst genommen und wertgeschätzt werden. Dies fördert eine nachhaltige und positive Beziehung zwischen dir und deinen Kundinnen und Kunden. (Cialdini 2009)

SALES PROMPT #14 – Schnelles Schreiben interner und externer Protokolle

Wenn es darum geht, Protokolle zu schreiben, meldet sich nur ungern jemand freiwillig, oder? Denn schließlich musst du dafür nicht nur eine Mitschrift anfertigen, sondern diese darüber hinaus im Anschluss sauber ausformulieren und womöglich noch gesondert für das interne CRM-System oder für den Kunden oder die Kundin aufbereiten – allesamt Tätigkeiten, die dich von deinen Hauptaufgaben abhalten. Da wäre es doch wesentlich angenehmer, wenn jemand auf magische Weise deine Mitschrift in das gewünschte Format umwandeln würde. Zwar funktioniert eine KI gänzlich ohne Magie, aber der folgende Prompt kann dein Zauberspruch sein, wenn es darum geht, deine Mitschrift in das gewünschte Protokoll zu verwandeln.

Prompt, der die Mitschrift übernimmt, sauber aufbereitet und in zwei Varianten bereitstellt: einmal kurz und prägnant für das interne CRM-System, einmal für den Kunden

»Du bist Mitarbeiter im Verkauf und hattest ein Gespräch mit dem Kunden Max Mustermann. Der Termin war am 2.1.2024, besprochen wurden folgende Themen: Teilnehmende: Huber, Müller. Abwesend: Gruber. Ziel: Rückblick auf das Jahr, Ausblick auf die nächsten Monate, Klärung der Reklamationen. Gemeinsame Zusammenarbeit war exzellent. Reklamationen werden vom Kunden verstanden, alle sind zufrieden. Nur im nächsten Jahr weniger Fehler, darauf müssen wir achten, wir führen einen monatlichen Jour fixe ein. Protokoll bis Ende nächster Woche an alle im Verteiler. Übermittlung der Preisliste bis Mitte Januar.

Bitte formuliere zwei Absätze auf Basis dieser Schlagwörter. Der erste Absatz ist für das externe Protokoll. Sprich den Kunden direkt an. Erkläre im ersten Satz, dass nachfolgend die Zusammenfassung zum Termin folgt, schaffe mit der Zusammenfassung eine gemeinsame Sicht auf das Gespräch, formuliere ganze, korrekte Sätze, beginne jeden Satz anders, halte dich kurz, sei freundlich, präzise und klar, verwende keine Superlative. Bitte am Ende um eine Rückmeldung, falls etwas in diesem Protokoll unklar oder anzupassen ist. Formuliere auch die Bitte, dieses Protokoll bei Bedarf auch intern an das Team weiterzuleiten.

Der zweite Absatz ist für das interne Protokoll. Die Sätze sind korrekt und enthalten immer ein Verb, sehr kurz, präzise, prägnant, klar.«

Externes Protokoll

Sehr geehrter Herr Mustermann, nachfolgend finden Sie die Zusammenfassung unseres Gesprächs vom 2. Januar 2024. Die Teilnahme von Herrn Huber und Herrn Müller sowie die Abwesenheit von Herrn Gruber wurden vermerkt. Unser Ziel war es, einen Rückblick auf das vergangene Jahr zu werfen, einen Ausblick auf die kommenden Monate zu geben und offene Reklamationen zu klären. Wir freuen uns, dass die Zusammenarbeit als exzellent empfunden wurde und alle Reklamationen zur Zufriedenheit aller geklärt werden konnten. Für das nächste Jahr haben wir uns vorgenommen, Fehler zu minimieren und einen monatlichen Jour fixe einzuführen. Das Protokoll wird bis Ende nächster Woche an alle im Verteiler versendet, und die Preisliste folgt bis Mitte Januar. Bitte geben Sie uns Rückmeldung, falls es Unklarheiten gibt oder Anpassungen am Protokoll vorgenommen werden sollen. Zudem bitten wir Sie, dieses Protokoll bei Bedarf auch intern an Ihr Team weiterzuleiten.

Internes Protokoll

Treffen mit Max Mustermann am 2.1.2024. Huber und Müller teilgenommen, Gruber abwesend. Ziel: Rückblick, Ausblick, Reklamationen klären. Zusammenarbeit exzellent, Reklamationen geklärt, Zufriedenheit erreicht. Ziel für nächstes Jahr: Fehler reduzieren, monatlicher Jour fixe. Protokoll bis nächste Woche an Verteiler, Preisliste bis Mitte Januar.

Prompt zur Übernahme einer Grafik in ein geschriebenes Protokoll oder Arbeitsdokument

Im zunehmend digitalen Alltag werden immer mehr Besprechungen digital, d.h. mit MS Teams & Co. durchgeführt. Zur Aktivierung der Teilnehmenden verwende ich gerne digitale Whiteboards, z.B. Google Jamboard. Das Ergebnis wird dann als PDF oder JPG verschickt.

> Ein multimodales KI-Modell kann sowohl Bild- als auch Textinput zu deinem gewünschten Ergebnis verarbeiten und kombinieren.

Mit dem folgenden Prompt zeige ich dir, wie du aus einem Whiteboard-JPG auf Knopfdruck eine E-Mail mit Protokoll erstellen kannst.

»Du bist Markenrepräsentant und Händlerbetreuer. Im letzten Workshop hast du mit 5 Händlern die wesentlichen Aufgaben zur Implementierung eines Onlineshops mit einem digitalen Whiteboard entwickelt. Das Ergebnis lade ich hier hoch. Bitte analysiere dieses Bild, erstelle mir damit eine To-do-Liste und gib mir am Ende Tipps, was ich hier noch berücksichtigen soll, ob z.B. wesentliche Aufgaben fehlen. Das Ergebnis ist kurz, prägnant, mit Schlagworten. Ziel ist eine Dokumentation des Workshops und Grundlage zur weiteren Arbeit.«

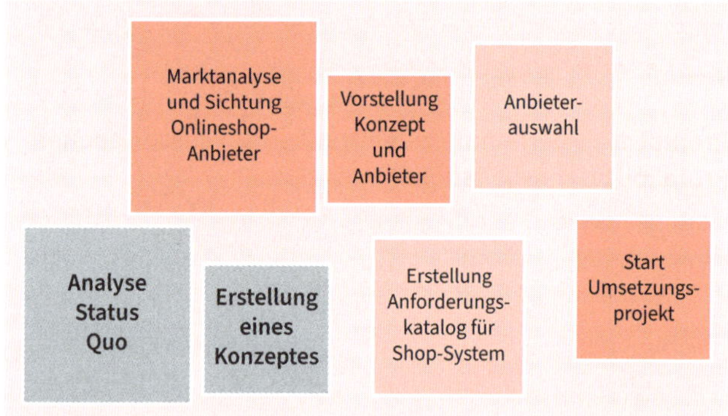

Basierend auf dem Bild, das du hochgeladen hast, scheint es eine visuelle Darstellung der verschiedenen Phasen bei der Implementierung eines Onlineshops zu sein. Hier ist eine To-do-Liste, die sich aus den genannten Aufgaben ergibt:

- *Marktanalyse durchführen: Untersuche den Markt und identifiziere mögliche Onlineshop-Anbieter.*
- *Analyse des aktuellen Zustands: Bewerte den aktuellen Zustand des Unternehmens hinsichtlich E-Commerce-Bereitschaft.*
- *Konzept erstellen: Entwickle ein detailliertes Konzept für den Onlineshop.*
- *Anbieter und Konzept vorstellen: Präsentiere das entwickelte Konzept sowie die in Betracht gezogenen Anbieter dem Team oder den Entscheidungsträgern.*

- *Anbieterauswahl: Treffe eine Entscheidung bezüglich des Anbieters für den Onlineshop.*
- *Anforderungskatalog für Shop-System erstellen: Definiere die Anforderungen, die das Shop-System erfüllen muss.*
- *Umsetzungsprojekt starten: Beginne mit der eigentlichen Umsetzung des Projekts nach der Auswahl des Anbieters und der Festlegung der Anforderungen.*

Tipps und zu berücksichtigende Aspekte:

- *Kundenperspektive einnehmen: Berücksichtige die Bedürfnisse und das Einkaufsverhalten der Zielkunden bei der Planung und Implementierung.*
- *Budgetplanung: Stelle sicher, dass ein klares Budget für die Implementierung und laufende Kosten des Onlineshops definiert ist.*
- *Zeitplanung: Erstelle einen realistischen Zeitplan mit Meilensteinen für die Implementierung.*
- *Rechtliche Rahmenbedingungen: Vergewissere dich, dass alle rechtlichen Aspekte, einschließlich Datenschutz und Online-Verkaufsregelungen, beachtet werden.*
- *Logistik: Plane die Logistik für Lagerhaltung, Versand und Retouren.*
- *Marketingstrategie: Entwickle eine Strategie zur Vermarktung des Onlineshops.*

- *Schulung des Personals: Stelle sicher, dass das Personal für den Umgang mit dem neuen System geschult ist.*

Diese Liste und Tipps sollten als Grundlage für die Dokumentation des Workshops und zur weiteren Arbeit dienen. Es ist wichtig, dass du diese Punkte regelmäßig überprüfst und aktualisierst, um sicherzustellen, dass alle Aspekte der Onlineshop-Implementierung abgedeckt sind.

Kognitive Entlastung (Mental Convenience)

Kognitive Entlastung bezieht sich auf die Reduzierung der geistigen Anstrengung, die erforderlich ist, um eine bestimmte Aufgabe zu erledigen. Im Kontext des Protokollschreibens kann die Verwendung von KI-Tools zur Automatisierung dieses Prozesses deine kognitive Belastung erheblich verringern. Hilfreich dabei sind:

- Reduzierung von Multitasking: Multitasking, insbesondere bei zeitintensiven Aufgaben wie dem Anfertigen und Ausformulieren von Protokollen, wirkt sich negativ auf deine Aufmerksamkeitsspanne aus. Durch die Automatisierung dieser Aufgabe kannst du deine geistigen Ressourcen auf andere, wichtigere Tätigkeiten lenken.
- Vereinfachung kognitiver Prozesse: Das manuelle Umwandeln von Mitschriften in formalisierte Protokolle erfordert einiges an Geisteskraft, vor allem hinsichtlich Rechtschreibung, Grammatik, Stil und Formatierung. KI-Tools können diese Aspekte automatisieren und so deinen mentalen Aufwand, der mit der Bearbeitung und Formatierung von Texten verbunden ist, minimieren.
- Vermeidung von kognitiver Ermüdung: Längeres Arbeiten an monotonen oder detailorientierten Aufgaben wie dem Protokollschreiben kann zu kognitiver Ermüdung führen. Diese beeinträchtigt deine Konzentrationsfähigkeit sowie die allgemeine Arbeitsleistung. Die Automatisierung solcher Prozesse ist hilfreich, diese Art von Ermüdung zu vermeiden und deine Produktivität für den Verkauf aufzusparen.

- Steigerung der kognitiven Kapazität für kreative und analytische Aufgaben: Indem deine kognitive Last für Routineaufgaben reduziert wird, hast du mehr geistige Energie für komplexere Aufgaben zur Verfügung. Dies ist besonders im Verkauf wichtig, da du in vielen Situationen Kreativität, Problemlösung und strategische Planung benötigst.

Der Einsatz von KI geht also einher mit einer Verringerung deiner kognitiven Belastung. Somit verbesserst du nicht nur deine Arbeitszufriedenheit, sondern auch deine allgemeine Produktivität und Leistungsfähigkeit. (Oracle + Workplace Intelligence 2021)

SALES PROMPT #15 – Analyse und Verarbeitung von Dokumenten

Daten sind bekanntlich King. Deshalb wimmelt es auf Plattformen und in Systemen nur so davon. Selbst wenn du versiert darin bist, lange Dokumente zu überfliegen und dabei die wesentlichen Informationen herauszufiltern, wirst du darin niemals so schnell und gründlich sein wie eine KI. Hast du das Dokument selbst verfasst und alle Informationen in deinem Kopf, kann sich diese Tätigkeit repetitiv anfühlen. Auch in diesem Fall sparst du dir Zeit und Energie, wenn du diese Aufgabe an einen Chatbot weitergibst und deine Energie in die nachträgliche Kontrolle investierst. Ein kurzer Prompt wie dieser hier entlastet dich im Handumdrehen.

Prompt zur weiteren Verarbeitung eines Dokuments

»Fasse die zehn wichtigsten Lerninhalte dieses Dokuments zusammen. Basierend auf dieser Zusammenfassung erstelle einen Abschlusstest mit fünf Fragen auf Matura-Niveau. Die Fragen sollen ein deutliches Verständnis der Hauptlerninhalte überprüfen.

Bitte füge zu jeder Frage die korrekte Antwort hinzu, um eine zuverlässige Überprüfung des Wissens zu ermöglichen. Die Testfragen und Antworten sollen so formuliert sein, dass sie die Tiefe und Breite des Verständnisses der Lerninhalte angemessen widerspiegeln und für Lehrkräfte, Bildungsfachleute oder Studierende als effektives Lern- und Bewertungswerkzeug dienen können.«

Hinweis: In diesem Beispiel wird die Darstellung des Ergebnisses ausgelassen.

Essentialismus

Der Essentialismus, eine Philosophie, die durch Greg McKeowns wegweisendes Buch »Essentialism: The Disciplined Pursuit of Less« (dt. Essentialismus: Die konsequente Suche nach Weniger. Ein neuer Minimalismus erobert die Welt) breite Bekanntheit erlangte, stellt die Kunst der Fokussierung auf das absolut Wesentliche in den Vordergrund. Diese Denkweise hilft dir, deine Aufmerksamkeit und Energie gezielt auf die wirklich wichtigen Aufgaben und Ziele zu lenken und dich nicht in Nebensächlichkeiten zu verlieren. Indem du dich auf das Wesentliche konzentrierst, wird es dir gelingen, dich von den ständigen Ablenkungen und dem Lärm des Alltags zu befreien. Dies führt nicht nur zu einer gesteigerten Produktivität, sondern auch zu einer spürbaren Verbesserung deiner Leistung in sämtlichen Lebensbereichen. Der Essentialismus lehrt dich, bewusste Entscheidungen zu treffen und dich von dem unermüdlichen Drang zu befreien, alles machen zu müssen. Stattdessen ermutigt er dich dazu, sich auf das zu beschränken, was wirklich zählt. Dieses Prinzip ist auch als KISS-Prinzip bekannt. KISS kommt aus dem Englischen und steht für »Keep It Simple and Stupid«. Es unterstreicht die immense Bedeutung von Einfachheit und Klarheit und hebt hervor, wie wesentlich es ist, Dinge bewusst einfach zu gestalten, um jegliche Verwirrung zu vermeiden.

Auch in der Kommunikation im Team und mit Kundinnen und Kunden gilt, dass du umso erfolgreicher bist, je klarer und verständlicher du deine Botschaft formulierst. Dieses Prinzip ist nicht nur ein Leitfaden für effektive Kommunikation, sondern dient auch als wertvolles Instrument, um das Verständnis deines Gegenübers zu fördern. In einer Welt, die von einer beispiellosen Informationsflut geprägt ist, wirkt das KISS-Prinzip als wirksames Gegenmittel. Es hilft dabei, die Essenz einer Nachricht hervorzuheben, und gewährleistet, dass die Kernbotschaft nicht in einem Meer aus Überinformationen untergeht. Somit ist KISS nicht nur eine Richtlinie, sondern eine grundlegende Strategie, um in der heutigen informationsüberladenen Gesellschaft effektiv zu kommunizieren. (McKeown 2018)

SALES PROMPT #16 – Analysieren von Excel-Dokumenten

Dein Geschäftsalltag beinhaltet sicherlich oft die Notwendigkeit, vorhandene Dokumente zu nutzen oder eingehend zu bearbeiten. Ein typisches Beispiel hierfür ist ein Excel-Dokument (XLS), das eine Fülle von Daten und Informationen enthält. Hier besteht die Herausforderung für dich darin, aus diesem umfangreichen Datensatz die wesentlichen Punkte herauszufiltern und zu extrahieren, um sie im Anschluss in einer verständlichen und zugänglichen Form für Mitarbeitende oder Kundinnen und Kunden aufzubereiten. Dieser Vorgang ist mit einem erheblichen Aufwand verbunden. Hierbei ist die KI eine wertvolle Unterstützung. KI-Technologien können große Mengen von Daten schnell durchsuchen, relevante Informationen identifizieren und sogar Muster erkennen, die für das menschliche Auge nicht sofort ersichtlich sind.

> Einige der gängigen KI-Modelle funktionieren als Add-ins. Durch die Integration z. B. mit Excel kann die KI-Aufgaben automatisieren, Daten analysieren und komplexe Fragen in Echtzeit beantworten.

Aber nicht nur KI-Add-ins können bei der Arbeit mit Tabellenkalkulationen unterstützen, sondern auch die multimodalen Chatbots. Ein Prompt wie dieser gibt dir eine tiefere Einsicht in die vorliegenden Informationen.

Prompt für die Erstellung einer E-Mail auf Basis eines bestehenden Dokuments

»Erstelle eine E-Mail, die auf dem Teilnehmendenfeedback dieses Dokuments basiert. Die E-Mail soll mit einer einleitenden Danksagung beginnen, gefolgt von der Hervorhebung des positiven Feedbacks. Anschließend sollen Empfehlungen auf Basis der Aspekte gegeben werden, die nicht als ‚sehr gut' bewertet wurden. Fasse die Rückmeldungen und Tipps in einfachen, verständlichen Sätzen zusammen. Die Ansprache in der E-Mail ist per Du. Beginne die E-Mail mit einer freundlichen Danksagung und sorge dafür, dass sie eine positive, konstruktive und wertschätzende Tonalität hat.«

Hinweis: In diesem Beispiel wird die Darstellung des Ergebnisses ausgelassen.

Data-driven Decision Making (datengetriebene Entscheidungsfindung)

Diese Methode rückt die zentrale Rolle von Daten in den Mittelpunkt des Entscheidungsprozesses innerhalb von Unternehmen. Indem du umfangreiche Datensätze sammelst und sorgfältig analysierst, eröffnen sich dir wertvolle Einblicke: So kannst du Muster im Kundenverhalten identifizieren, tieferes Verständnis für die Bedürfnisse und Präferenzen deiner Kundinnen und Kunden entwickeln und fundierte, datenbasierte Entscheidungen treffen. Die Praxis zeigt, dass Unternehmen, die ihre Strategien und Taktiken auf der Grundlage von soliden Datenanalysen aufbauen, eine höhere Effizienz erreichen, eine präzisere Kundenansprache realisieren und in der Folge ihr Umsatzpotenzial deutlich steigern können. Somit bildet die datenbasierte Entscheidungsfindung eine fundamentale Säule für deinen Erfolg in der modernen Geschäftswelt, indem sie es dir ermöglicht, schnell auf Markttrends zu reagieren und deine Ressourcen zielgerichtet einzusetzen. (Frost 2020)

Von der Idee zur Struktur, Taktik und Strategie

Wir leben in einer Welt mit schier endlosen Möglichkeiten. Doch viel zu oft sind wir in dem Mindset gefangen, einfach nur die Dinge richtig zu tun, anstatt uns selbst zu fragen, ob wir die richtigen Dinge tun.

Was wäre, wenn wir in dieser Welt, die von Volatilität, Unsicherheit, Komplexität und Ambiguität (VUCA) geprägt ist, mit den KI-Tools einen Arbeitsplatzcoach zur Seite hätten? Dieser Arbeitsplatzcoach könnte uns helfen, den Verkaufsalltag zu meistern oder durch einzelne Verkaufsfälle zu navigieren. Dies umfasst die Entwicklung von Strategien, um mit unvorhersehbaren Verkaufsszenarien umzugehen, das Erkennen und Nutzen von sich kurzfristig bietenden Chancen und das kontinuierliche Lernen, um mit den neuesten Trends und Technologien Schritt zu halten.

Öffne deshalb dein KI-Tool und entdecke die Vielzahl von Perspektiven, die darauf warten, von dir erkundet zu werden. Denn innovative Strategien, clevere Taktiken sowie verfeinerte Strukturen, die dir deinen Arbeitsalltag erleichtern und deine Arbeit sowohl optimieren als auch vielschichtiger gestalten, sind nur einen Prompt entfernt.

SALES PROMPT #17 – Kundenzentrierte Gesprächsvorbereitung

Im Kundengespräch steht nur eine Person im Fokus, nämlich deine Kundin bzw. dein Kunde – und zwar nicht als Funktion, sondern als Mensch. Da kein Mensch dem anderen gleicht, stellt dich jedes Gespräch vor eine neue Herausforderung. Einerseits ist diese erfreulich abwechselnd, andererseits ein Garant für eine arbeitsintensive Terminvorbereitung. Als Verkaufsprofi weißt du, dass eine gründliche Recherche vorab unerlässlich ist. Die Praxis zeigt, dass sich Verkäufer:innen vor allem durch Informationssuche in den internen Systemen auf das Kundengespräch vorbereiten. Die Ergebnisse werden dann selbst interpretiert und ausgewertet. In diesem Kontext werden Chatbots oft als hilfreiches Werkzeug angepriesen. Dies stimmt natürlich, jedoch bietet KI weit mehr. Schließlich führst du mit deinem Chatbot, wie sein Name bereits sagt, ein Gespräch. Wie ein menschlicher

Gesprächspartner ist auch die KI in der Lage, Rück- oder Folgefragen zu beantworten. Wenn du dir bei der Formulierung eines Prompts unsicher bist, zögere nicht, den Chatbot zu fragen, ob er deine Frage verstanden hat.

> ChatGPT, CompanyGPT, Gemini, Copilot & Co sind als dein Sales Buddy wesentlich wertvoller als ein schlichtes Werkzeug. Chatbots können als virtueller Verkaufspartner oder persönlicher Assistent fungieren.

Diese Prompts sind Beispiele, wie du die KI als Sales Buddy und für die Erstellung von wertvollen Schlüsselfragen, mit denen deine Kundinnen und Kunden sich wirklich angesprochen fühlen, für dich verwenden kannst.

Prompt zur schnellen Terminvorbereitung

»Identifiziere als Außendienstverkäufer im Versicherungsbereich 3 relevante Schlüsselfragen, die du für ein bevorstehendes Treffen mit einem Geschäftsführer, der gleichzeitig Triathlet ist, vorbereiten solltest. Berücksichtige dabei sowohl geschäftliche als auch persönliche Aspekte. Die Fragen sollten darauf abzielen, die spezifischen Bedürfnisse des Kunden im Hinblick auf Versicherungsdienstleistungen zu verstehen, dich von anderen Versicherungsanbietern abzuheben und gleichzeitig sein Interesse am Triathlon zu berücksichtigen. Stelle sicher, dass die Fragen sowohl die beruflichen Risiken und Bedürfnisse des Kunden als Geschäftsführer als auch die gesundheitlichen und freizeitbezogenen Aspekte seiner Tätigkeit als Triathlet abdecken. Die Fragen sollten darauf ausgerichtet sein, Informationen zu sammeln, die dir helfen, maßgeschneiderte Versicherungslösungen anzubieten und gleichzeitig

eine vertrauensvolle Beziehung zum Kunden aufzubauen. Sie sollten spezifisch genug sein, um dem Kunden zu zeigen, dass du dich intensiv mit seiner individuellen Situation auseinandergesetzt hast und in der Lage bist, gezielte Lösungen für seine einzigartigen Bedürfnisse anzubieten. Beispiele für solche Fragen könnten sein: Fragen zu seinen spezifischen Anforderungen und Herausforderungen als Geschäftsführer, Fragen zur Absicherung von Risiken im Zusammenhang mit dem Triathlon sowie allgemeine Fragen zur Optimierung seines bestehenden Versicherungsschutzes. Begrenze jede Frage auf 30 Wörter. Tonalität: kompetent, spezifisch.«

Wie beeinflussen Ihre spezifischen Risiken als Geschäftsführer und Ihre Leidenschaft für Triathlon Ihre Prioritäten bei der Auswahl von Versicherungslösungen, insbesondere in Bezug auf berufliche und sportliche Risiken?
Welche speziellen Versicherungsanforderungen sehen Sie in Ihrer Doppelrolle als Geschäftsführer und Triathlet, um sowohl Ihre geschäftlichen Interessen als auch Ihre Gesundheit und sportliche Leistungsfähigkeit optimal abzusichern?
Können Sie detaillierter beschreiben, welche Erfahrungen Sie bisher mit Versicherungen gemacht haben und wo Sie Verbesserungspotenzial sehen, um Ihren Versicherungsschutz präziser auf Ihre beruflichen und triathlonspezifischen Bedürfnisse abzustimmen?

Prompt zur Terminvorbereitung im strategischen Verkauf

»Biete mir eine originelle Perspektive auf das Thema Einkauf von C-Teilen, die landläufige Annahmen der Einkäufer infrage stellt und mir neue Erkenntnisse für mein Jahresgespräch und die Vertragsverhandlungen liefert. Vermeide es, gängige Argumente wiederzukäuen oder bestehende Forschungsergebnisse zusammenzufassen. Liste mir die Empfehlungen als Checkliste auf. Um meinen Verkaufsjob und das, was ich will und brauche, besser zu verstehen, kannst du mir Fragen stellen, um den Kontext und meine Bedürfnisse besser zu verstehen. Hast du mich verstanden?«

Ja, ich habe dich verstanden. Du suchst nach einer frischen und originellen Perspektive auf den Einkauf von C-Teilen, die über die gängigen Annahmen und Argumente hinausgeht. Bevor ich dir eine auf deine Bedürfnisse zugeschnittene Empfehlungsliste in Tabellenform erstellen kann, möchte ich dir ein paar Fragen stellen, um deinen Verkaufsjob, deine Herausforderungen und Ziele besser zu verstehen:
In welcher Branche und für welche Art von Produkten oder Dienstleistungen verkaufst du C-Teile?
Gibt es spezifische Herausforderungen oder Probleme, die du derzeit im Einkauf oder Verkauf von C-Teilen siehst?
Welche Ziele verfolgst du mit deinem Jahresgespräch und den Vertragsverhandlungen? Suchst du nach Möglichkeiten, Kosten zu senken, die Effizienz zu steigern oder Partnerschaften zu stärken?

Wie würdest du die Beziehung zu deinen derzeitigen Lieferanten beschreiben? Gibt es Bereiche, in denen du Verbesserungen oder Änderungen sehen möchtest?
Welche Rolle spielen Nachhaltigkeit und soziale Verantwortung in deinen Einkaufsentscheidungen?
Gibt es interne oder externe Faktoren, die deine Einkaufsstrategie für C-Teile beeinflussen, wie z. B. technologische Entwicklungen oder Marktveränderungen?

Prompt für den eigenen Perspektivenwechsel

Mit diesem Prompt kannst du dich auf Knopfdruck in die Lage deiner Kund:innen versetzen. So gelingt der Perspektivwechsel in jeder Verkaufssituation!

»Als 40-jähriger Geschäftsführer, Familienvater von zwei Kindern, der in einem Haus auf dem Land lebt und dessen Ehefrau Lehrerin ist, stehst du vor einem Beratungsgespräch mit einem neuen Versicherungsberater. Du bist kürzlich auf ein Elektroauto umgestiegen. Formuliere drei Fragen, die du dem Versicherungsberater stellen wirst, um sicherzustellen, dass deine Versicherungspolicen deine aktuelle Lebenssituation adäquat abdecken. Berücksichtige dabei Aspekte wie Haftpflicht- und Kaskoversicherung für dein Elektroauto, Hausrat- und Wohngebäudeversicherung sowie mögliche Lebens- und Berufsunfähigkeitsversicherungen. Die Fragen sollten darauf abzielen, eventuelle Lücken in deinem Versicherungsschutz zu identifizieren und Informationen über angepasste oder zusätzliche Versicherungsoptionen zu erhalten, die deinen spezifischen Bedürfnissen als Familienvater und Ge-

schäftsführer entsprechen. Begrenze jede Frage auf 30 Wörter. Tonalität: kompetent, spezifisch.«

Wie gewährleistet die Kaskoversicherung meines Elektroautos umfassenden Schutz, und gibt es spezielle Erwägungen oder Zusätze, die für Elektrofahrzeuge im Vergleich zu herkömmlichen Fahrzeugen empfohlen werden?
Können Sie erläutern, wie meine Hausrat- und Wohngebäudeversicherung angepasst werden sollte, um den aktuellen Wert meines Eigentums und spezielle Risiken des Landlebens abzudecken?
Inwiefern bietet meine aktuelle Lebens- und Berufsunfähigkeitsversicherung ausreichenden Schutz für meine Situation als Geschäftsführer und Familienvater, und welche Optionen gibt es für erweiterten Schutz?

Prompt, um die konkreten Herausforderungen deiner Gesprächspartner zu verstehen

»Als Verkaufsleiterin eines mittelständischen Unternehmens, das sich auf hochwertige Fliesen und maßgeschneiderte Steinplatten spezialisiert hat, stehst du vor verschiedenen Herausforderungen. Du leitest ein Team von fünf Mitarbeitenden im Außendienst und zwei Schauräume mit zehn Mitarbeitenden. Identifiziere die konkreten Herausforderungen, mit denen du und dein Team konfrontiert seid, sowohl im Außendienst als auch in den Schauräumen. Berücksichtige dabei Aspekte wie Kundenakquise, Produktpräsentation, Wettbewerbsdruck und spezifische Anforderungen des Marktes für hochwertige Bauprodukte. Entwickle Lösungsansätze

und Strategien, um diesen Herausforderungen mit Zuversicht zu begegnen. Liste die Herausforderungen und entsprechenden Lösungsansätze in einer übersichtlichen Aufzählung auf, um einen klaren Aktionsplan für dich und dein Team zu erstellen. Begrenze das gesamte Arbeitsergebnis auf 300 Wörter.«

Als Verkaufsleiterin eines Spezialunternehmens für hochwertige Fliesen und Steinplatten umfassen deine Herausforderungen und Lösungsstrategien:

Außendienst:

- *Kundenakquise:*
  Herausforderung: Effektive Neukundengewinnung.
  Lösung: Gezielte Marktanalyse und Kundenansprache durch CRM-Software.
- *Wettbewerbsdruck:*
  Herausforderung: Abgrenzung von Billiganbietern.
  Lösung: Betonung des Mehrwerts, exzellenter Kundenservice.
- *Marktanforderungen:*
  Herausforderung: Anpassung an Trends und Präferenzen.
  Lösung: Marktbeobachtung, schnelle Produktanpassung, Kundenfeedback.

Schauräume:

- *Produktpräsentation:*
  Herausforderung: Hochwertige Darstellung des Sortiments.

Lösung: Investition in innovative Schauraumgestaltung und Präsentationstechniken.

- *Kundenerfahrung:*
  Herausforderung: Gewährleistung einer exzellenten Kundenerfahrung.
  Lösung: Fortbildung der Mitarbeitenden, Optimierung des Kundenservices.
- *Inventarmanagement:*
  Herausforderung: Optimale Lagerhaltung.
  Lösung: Einführung eines effizienten Inventarverwaltungssystems.

Empathisches Design

Empathisches Design bedeutet, dass du beim Entwickeln deiner Taktik für den individuellen Verkaufsfall genau verstehen solltest, was deine Kundinnen und Kunden wirklich brauchen und wünschen. Damit geht es über eine traditionelle Marktforschung hinaus, indem es einen ganzheitlichen Blick auf die Kundenbedürfnisse wirft. Die Idee dahinter ist, dass du dich gedanklich in deine Kund:innen hineinversetzt. Damit lenkst du deinen Blick nicht nur auf Produkte oder Angebote, sondern auf den echten Mehrwert der Produkte im Leben deiner Kundschaft. Dieser Mehrwert fördert eine stärkere emotionale Bindung zwischen ihr und deinem Produkt. Dies erhöht die Chance auf eine langfristige Kundenbeziehung sowie eine nachhaltige Markenloyalität. Empathisches Design ist somit ein Schlüsselkonzept für zukunftsorientierte Unternehmen und Verkaufsprofis, die im Wettbewerb durch echtes Kundenverständnis und maßgeschneiderte Lösungen überzeugen wollen. (Fitzgerald 2021)

SALES PROMPT #18 – Intelligente Fragestellung im Verdrängungswettbewerb

Wir befinden uns zunehmend in einem intensiven Verdrängungswettbewerb, in dem wir uns gegen bereits etablierte Anbieter durchsetzen müssen. Der entscheidende erste Schritt in diesem Prozess ist, deine Kundinnen und Kunden dazu zu bewegen, über ihre aktuelle Partnerschaft nachzudenken und sie kritisch zu hinterfragen. Dies öffnet die Tür für einen Vergleich und neue Perspektiven. Um dieses Nachdenken anzuregen, sind gezielte und intelligente Fragen ein mächtiges Werkzeug. Ein Prompt wie der folgende hilft dir dabei, das Bewusstsein der Kund:innen für mögliche Alternativen zu öffnen, und legen den Grundstein für eine erfolgreiche neue Geschäftsbeziehung.

Prompt für Fragen, die bei deinem potenziellen Kunden eine kognitive Dissonanz auslösen

»Entwickle als Kopiererverkäufer, der darauf abzielt, ein Unternehmen als neuen Kunden zu gewinnen, das bereits langjährig mit einem anderen Kopiererhersteller zusammenarbeitet, 5 Fragen, die kognitive Dissonanz auslösen. Diese Fragen sollen den potenziellen Kunden dazu anregen, die Effektivität und den Nutzen der aktuellen Partnerschaft zu hinterfragen. Überlege dir Fragen, die die Stärken vor allem des Services und der IT-Anbindung hervorheben, gleichzeitig aber auch mögliche Lücken oder Defizite in der aktuellen Kopiererinfrastruktur des Unternehmens aufdecken. Die Fragen sollten darauf abzielen, den Kunden zum Nachdenken über die Vorteile eines Wechsels anzuregen und die Notwendigkeit einer frischen, möglicherweise effektiveren Do-

kumentenmanagement-Perspektiven zu betonen. Begrenze die Fragen auf jeweils 30 Wörter. Sei kompetent, frisch und mutig.«

Um als Kopiererverkäufer kognitive Dissonanz bei einem potenziellen Kunden zu erzeugen, der bereits langjährig mit einem anderen Anbieter zusammenarbeitet, sollten die Fragen so gestaltet sein, dass sie den Kunden dazu bringen, über die aktuelle Situation nachzudenken und die Möglichkeiten einer Verbesserung in Betracht zu ziehen. Hier sind fünf Fragen, die diese Kriterien erfüllen:

»Haben Sie in letzter Zeit überprüft, wie die IT-Anbindung Ihrer aktuellen Kopierer Ihre Dokumentenverarbeitungsgeschwindigkeit beeinflusst und ob diese noch Ihren wachsenden Anforderungen entspricht?«

»Inwiefern unterstützt Ihr aktueller Dienstleister Sie bei der Optimierung Ihrer Dokumentenworkflow-Effizienz, und bietet er Lösungen, die spezifisch auf Ihre Unternehmensbedürfnisse zugeschnitten sind?«

»Können Sie sich an Situationen erinnern, in denen der Service Ihres aktuellen Kopiereranbieters Ihre Geschäftsabläufe nicht optimal unterstützt hat oder Verbesserungspotenzial erkennbar war?«

»Wie bewerten Sie die Flexibilität und Skalierbarkeit Ihrer aktuellen Kopierersysteme im Hinblick auf neue Technologien und zukünftige Anforderungen Ihres Unternehmens?«

»Haben Sie jemals die Gesamtkosten Ihrer aktuellen Kopiererinfrastruktur analysiert, einschließlich versteckter Kosten wie Ausfallzeiten, Wartung und nicht optimale Prozesseffizienz?«

Kognitive Dissonanz

Kognitive Dissonanz ist ein psychologisches Konzept, das beschreibt, dass Menschen Unbehagen empfinden, wenn sie widersprüchliche Gedanken, Überzeugungen oder Einstellungen hegen. Dieses Unbehagen entsteht, weil Menschen ein inneres Bedürfnis nach Konsistenz in ihren Überzeugungen und ihrem Verhalten haben. Um diese Dissonanz zu reduzieren, kannst du diese Faktoren wieder in ein positives Gleichgewicht bringen. Allerdings kannst du den Spieß auch umdrehen, denn dieses Prinzip eignet sich auch dazu, um einen Kunden dazu zu bringen, seine bestehende Geschäftsbeziehung zu hinterfragen. Indem du gezielte Fragen stellst, regst du ihn dazu an, über mögliche Mängel in seiner aktuellen Partnerschaft nachzudenken. Dadurch erzeugst du einen Zustand der kognitiven Dissonanz. Dies fördert beim Kunden das Bewusstsein, dass seine derzeitige Situation eventuell nicht optimal ist, und vergrößert deine Chance, diese Lücke zu füllen. (Festinger 2019)

SALES PROMPT #19 – Entwurf einer wirkungsvollen Einwandbehandlung

Jeder Einwand, auf den du keine passende und zufriedenstellende Antwort hast, erhöht die Gefahr, dass dein potenzieller Kunde dein Angebot ablehnt. Deswegen ist es entscheidend, dass du bereits vor dem Kundengespräch wahrscheinliche und mögliche Einwände auflistest und entkräftest. Neben den Klassikern wie »zu teuer«, »keine Zeit« und »kein Interesse« kämpfst du oftmals gegen Mitbewerber an, die bereits einen Fuß in der Tür haben, und musst deshalb erst das Vertrauen des Kunden gewinnen. Dabei ist es wichtig, dass die Entkräftung der aufkommenden Einwände die aktuelle Situation deines potenziellen Kunden berücksichtigt. Um diese Aufgabe für dich einfacher zu gestalten, kannst du einen Prompt zur Ideenfindung verwenden.

Prompt zur schlagfertigen Einwandbehandlung

»Du bist Telefonverkäufer im Gastronomiebereich. Jede Woche rufst du deine Kunden an, um die Kundenbestellungen aufzunehmen. Jede Woche wird auch ein Aktionsprodukt vorgestellt. Der Verkaufspreis des aktuellen Aktionsprodukts ‚Apfelstrudel' ist 20 % höher als der vergleichbarer Mitbewerber. Wie kannst du auf Kundeneinwände ‚zu teuer' schlagfertig in einem Satz reagieren? Bitte liste mir diese Ideen als Aufzählung auf.«

Um auf Kundeneinwände wie »zu teuer« beim Verkauf eines Aktionsprodukts wie »Apfelstrudel« zu reagieren, könnten folgende schlagfertige Antworten hilfreich sein:

- *»Der höhere Preis unseres Apfelstrudels spiegelt die außergewöhnliche Qualität und die handverlesenen Zutaten wider, die ein einzigartiges Geschmackserlebnis garantieren.«*
- *»Investieren Sie in den Genuss Ihrer Gäste – unser Apfelstrudel ist nicht nur ein Dessert, sondern eine Erinnerung, die sie mit nach Hause nehmen.«*
- *»Betrachten Sie es als eine Investition in die Zufriedenheit Ihrer Kunden: Ein zufriedener Kunde kommt nicht nur wieder, sondern empfiehlt Sie auch weiter.«*
- *»Unser Apfelstrudel mag im ersten Moment teurer erscheinen, aber die positive Resonanz Ihrer Gäste wird den Unterschied mehr als ausgleichen.«*

- *»Wir bieten nicht nur ein Produkt, sondern ein komplettes Geschmackserlebnis – das ist es, was unseren Apfelstrudel von anderen unterscheidet und den Preis rechtfertigt.«*
- *»Denken Sie an den Mehrwert, den unser Apfelstrudel Ihrem Angebot hinzufügt – er hebt sich deutlich von Standarddesserts ab und kann so ein Alleinstellungsmerkmal Ihres Menüs werden.«*
- *»Unser Apfelstrudel ist eine Investition in Qualität und Zufriedenheit – und diese zahlt sich immer aus, sowohl in der Wertschätzung als auch in der Treue Ihrer Kunden.«*

Hyperbolische Diskontierung

Die hyperbolische Diskontierung ist ein psychologisches Phänomen, das tief im Menschen verankert ist. Dabei werten Menschen zukünftige Belohnungen oder Kosten stärker ab, je weiter sie zeitlich entfernt sind. Im Gegensatz dazu neigen Menschen dazu, kurzfristige Vorteile über langfristige zu präferieren. Dieses Wissen kannst du sowohl bei kurzfristigen als auch bei langfristigen Angeboten für dich nutzen. Bei kurzfristigen Angeboten ist dies einfach. Betone, dass diese sofort einsatzbereit sind und rasch Ergebnisse liefern. Bei langfristigen Angeboten musst du kreativ werden, um den Effekt der hyperbolischen Diskontierung trotzdem für dich zu nutzen, indem du dein Angebot um kurzfristige Anreize bereicherst. Beispielsweise kannst du Kundinnen und Kunden, die sich für ein Jahresabonnement entscheiden, einen signifikanten Rabatt auf die monatlichen Gebühren oder einen kostenlosen Zusatzservice bieten. Das langfristige Engagement wird durch sofortige Vorteile attraktiver und deine Kunden werden eher bereit sein, sich langfristig zu binden. (Ainslie & Haslam 1992)

SALES PROMPT #20 – Nutzenorientierte Argumentation durch einen Business Case

Traditionell werden in Kundengesprächen Nutzenorientierung und Belegführung nur mangelhaft behandelt. Selbst wenn dein Produkt oder deine Dienstleistung exzellent ist, kann das Fehlen einer überzeugenden Argumentation über den Nutzen deines Angebots dazu führen, dass potenzielle Kundinnen und Kunden es ablehnen, auch wenn es für sie von Vorteil wäre.

Um größere Kundenorientierung zu erreichen, kannst du einen überzeugenden Business Case entwerfen, der als strategische Analyse die Kosten, den Nutzen und die Risiken eines Projekts bewertet. Künstliche Intelligenz bietet ein wertvolles Werkzeug zur effizienten Analyse von Daten und zur Erstellung präziser Prognosen, was die Erstellung eines fundierten Business Case erleichtert und beschleunigt. Auf dieser Grundlage können Verkaufsargumente gezielt auf die Frage »Was hat dein Kunde davon?« ausgerichtet werden. Mit einem Prompt wie dem folgenden gelingt dir dies und dein Angebot wird noch überzeugender.

Prompt für eine starke und belastbare Nutzenargumentation

»Du bist Anbieter von CompanyGPT, dem ersten Tool, das Unternehmen einen sicheren, DSGVO-konformen Einsatz von KI ermöglicht. Zielkunden sind Vertriebsorganisationen mit Innen- und Außendienst. Erarbeite mir als Aufzählung die Vorteile und den Kundennutzen von CompanyGPT im operativen Verkaufsalltag für Innendienstverkäufer, Außendienstverkäufer und deren Füh-

rungskräfte. Sei beim Nutzen so konkret wie möglich, belege jeden Kundennutzen mit Zahlen (verwende Annahmen, wenn das notwendig ist), verwende plakative Beispiele.

Am Ende der Darstellung kalkuliere den Produktivitätsvorteil (in Stunden, Euro) anhand eines Beispielunternehmens (30 Außendienstverkäufer, 20 Innendienstverkäufer, 5 Führungskräfte, 2.000 Kunden; 50 Millionen Euro Umsatz).«

CompanyGPT bietet eine Vielzahl von Vorteilen und Kundennutzen für Vertriebsorganisationen, insbesondere für Innendienstverkäufer, Außendienstverkäufer und deren Führungskräfte. Hier ist eine detaillierte Aufzählung, inklusive konkreter Zahlen und Beispiele:

Vorteile für Innendienstverkäufer:

- *Automatisierung routinemäßiger Aufgaben: CompanyGPT kann die Bearbeitung von E-Mails, die Erstellung von Angeboten und die Verwaltung von Kundenanfragen automatisieren. Dies führt zu einer Zeitersparnis von ca. 2 Stunden pro Tag pro Verkäufer.*
  - *Nutzen: Bei einer durchschnittlichen Arbeitszeit von 8 Stunden pro Tag entspricht dies einer Produktivitätssteigerung von 25%.*

- *Personalisierte Kundenkommunikation: Durch die Nutzung von KI für das Verfassen von personalisierten E-Mails und Angeboten können Innendienstverkäufer die Kundenzufriedenheit und -bindung verbessern.*
  - *Nutzen: Annahme einer Steigerung der Konversionsrate um 5 durch verbesserte Kundenansprache.*

Vorteile für Außendienstverkäufer:

- *Optimierte Routenplanung: CompanyGPT kann unter Berücksichtigung von Kundenstandorten, Verkehrsinformationen und Prioritäten die effizientesten Routen erstellen.*
  - *Nutzen: Einsparung von durchschnittlich 1 Stunde Reisezeit pro Tag, was die Möglichkeit bietet, 1–2 zusätzliche Kundentermine wahrzunehmen.*

- *Sofortiger Zugriff auf Kundeninformationen: Durch Sprachbefehle können Außendienstverkäufer unterwegs schnell Informationen zu Kundenhistorie, Produktinformationen und Preisen abrufen.*
  - *Nutzen: Reduzierung der Vorbereitungszeit um 50 %, von durchschnittlich 30 Minuten auf 15 Minuten pro Kunde.*

Vorteile für Führungskräfte:

- *Echtzeit-Vertriebsdashboard: CompanyGPT ermöglicht Führungskräften den Zugriff auf Echtzeit-Vertriebsdaten, um Leistung zu überwachen und schnell Entscheidungen zu treffen.*

  - *Nutzen: Verbesserung der Entscheidungsfindungsgeschwindigkeit um 40 %, was zu schnelleren Anpassungen der Vertriebsstrategie führt.*

- *Automatisierte Berichterstattung: Die Erstellung von Vertriebsberichten, die normalerweise Stunden dauern würde, kann automatisiert werden, wodurch Führungskräfte täglich bis zu 2 Stunden einsparen.*
  - *Nutzen: Mehr Zeit für strategische Planung und Coaching, anstatt für administrative Aufgaben.*

Produktivitätsvorteil Kalkulation:

Angenommen, die Automatisierung und Effizienzsteigerung durch CompanyGPT führt zu einer durchschnittlichen Zeitersparnis von 2 Stunden pro Tag für jeden Innendienst- und Außendienstverkäufer und 2 Stunden pro Tag für jede Führungskraft.

- *Innendienstverkäufer: 20 Verkäufer × 2 Stunden/Tag = 40 Stunden/Tag*
- *Außendienstverkäufer: 30 Verkäufer × 2 Stunden/Tag = 60 Stunden/Tag*
- *Führungskräfte: 5 Führungskräfte × 2 Stunden/Tag = 10 Stunden/Tag*
- *Gesamt: 110 Stunden/Tag*
- *Bei einer Annahme von 220 Arbeitstagen pro Jahr:*
- *Jährliche Zeitersparnis: 110 Stunden/Tag × 220 Tage = 24.200 Stunden/Jahr*

Angenommen, der durchschnittliche Stundensatz beträgt 50 Euro:

- *Jährliche Kosteneinsparung: 24.200 Stunden × 50 Euro/Stunde = 1.210.000 Euro*

Zusätzlich zu den direkten Zeit- und Kosteneinsparungen trägt CompanyGPT durch verbesserte Kundenkommunikation, höhere Konversionsraten und optimierte Entscheidungsfindung zu Umsatzsteigerungen bei.

Evidenzbasiertes Management – Erst ein Beleg macht aus einer Aussage ein Verkaufsargument!

Evidenzbasiertes Management ist eine Unternehmensphilosophie, die die Wichtigkeit von empirischen Belegen und wissenschaftlichen Daten für Entscheidungen betont. Als Verkäufer:in sollst du daher, anstatt dich blind auf deine Intuition oder alte Weisheiten zu verlassen, datenbasierte Methoden nutzen, bevor du einen Entschluss fasst. Berücksichtige Daten, Forschungsergebnisse und praktischen Studien und berufe dich nicht bloß auf persönliche Meinungen oder Erfahrungen. So triffst du objektivere, fundiertere und effizientere Entscheidungen, deren Wahl du auch nachhaltig vertreten und belegen kannst. Dies führt zwangsläufig zu besseren Ergebnissen in allen Unternehmensbereichen. Evidenzbasiertes Management hilft dir dabei, Fehler zu vermeiden, deine Arbeit zu optimieren und deine Entscheidungen nachvollziehbarer zu machen. (Pfeffer & Sutton 2006)

SALES PROMPT #21 – Erarbeitung eines praxistauglichen Telefonleitfadens

Viel zu oft werden Akquisetelefonate ohne Skript und Vorbereitung durchgeführt, obwohl ein Telefonleitfaden eine große Hilfe ist. Wichtig dabei ist allerdings, dass er nicht erstellt wird, um ihn ohne Kompromisse Wort für Wort herunterzulesen. Dies wirkt nicht authentisch und geht bestimmt nach hinten los. Ein hervorragender Telefonleitfaden ist vielmehr ein roter Faden, der deinem Gespräch Struktur gibt und an dem du dich festhalten kannst, wenn du dich unsicher fühlst oder das Gespräch aus der Spur gerät. Hier ein Beispiel für einen Prompt, der dir sofort einen passenden Telefonleitfaden parat stellt.

Prompt für skriptbasiertes und damit wirkungsvolles Telefonieren

»Du bist Geschäftsführer eines Trainingsunternehmens. Dein Fachgebiet ist die Entwicklung der digitalen Kompetenz in ambitionierten Vertriebsunternehmen. Du willst nun neue Kunden telefonisch gewinnen. Der Zeitpunkt ist jetzt ideal, da die meisten Unternehmen die Budgetierung und Seminarplanung vorbereiten. Dein USP ist deine Expertise und dass du auch einen eigenen Blog www.salesgoesdigital.com *hast. Finde Ideen nach dem AIDA-Prinzip für die ersten Sätze als Gesprächseinstieg, um damit Termine bei Entscheidern zu gewinnen. Die Sprache ist sehr klar, dennoch kreativ, vermeide den Konjunktiv, sei klar und selbstbewusst, verwende die Sie-Anrede. Der Leitfaden soll maximal zwei sehr kurze Sätze enthalten. Bitte schreibe zwei Varianten: Variante 1: für Personalleiter, Variante 2: für Vertriebsleiter.«*

Variante 1: Für Personalleiter
»Guten Tag, ich bin der Geschäftsführer von Sales Goes Digital, Ihrem nächsten Schritt zur digitalen Exzellenz im Vertrieb. Unsere spezialisierten Trainings maximieren die digitalen Kompetenzen Ihres Teams – sehen Sie selbst auf unserem Blog.«

Variante 2: Für Vertriebsleiter
»Herzlich Willkommen im digitalen Zeitalter des Vertriebs, mein Name ist [Name], der Geschäftsführer von Sales Goes Digital. Wir transformieren Ihre Vertriebsstrategie mit maßgeschneiderten Trainings für Spitzenleistungen – entdecken Sie unsere Erfolgsbeispiele auf salesgoesdigital.com.«

AIDA-Modell

Das AIDA-Modell ist ein Marketingkonzept, das den Prozess der Kundengewinnung beschreibt. Es steht für Attention (Aufmerksamkeit), Interest (Interesse), Desire (Verlangen) und Action (Handlung). Im Kundengespräch kannst du es wie folgt einsetzen:

- **Attention** – sichere dir die Aufmerksamkeit des Kunden bereits bei der Begrüßung. Starte erst mit deiner Präsentation, wenn der Kunde für deine Botschaft empfangsbereit ist.
- **Interest** – gewinne das Interesse des Kunden, sei es durch eine provokante Frage oder eine Aussage rund um den Nutzen des Produkts oder der Dienstleistung, die du ihm verkaufen willst.
- **Desire** – entfache die Begierde des Kunden. Wieso soll er dein Angebot annehmen? Was sind die Benefits? Wie macht dein Angebot sein Leben besser?
- **Action** – hole dir deinen verdienten Kaufabschluss. Du hast dir die Aufmerksamkeit des Kunden gesichert, er hat Interesse bekundet und weiß um die Vorteile, die ihm eine Annahme deines Angebots bringen. Ist dein Kunde noch unentschlossen, dann hole dir hier einen »Etappensieg«, wie etwa die Zusage eines Folgetermins. (DK Publishing 2014)

SALES PROMPT #22 – Strukturfindung für individuelle Konzeptionsarbeit

Ein Verkaufskonzept ist das strategische Fundament deiner Verkaufsarbeit und beinhaltet unter anderem eine interne wie externe Analyse, Festlegung der Zielgruppe, Formulierung von Zielen. Der Entwurf eines gelungenen Verkaufskonzepts erfordert einen nicht zu unterschätzenden Arbeitsaufwand und ist dabei nur die grundlegende Arbeit, da du dieses Konzept auch noch sprachlich ausformulieren und präsentieren musst. Der Chatbot, als dein getreuer Sales Buddy, wird mit einem Prompt wie dem folgenden eine verlässliche Stütze sein.

Prompt für die Erstellung eines Konzepts

»Du bist Key Account Manager eines CRM-Anbieters und bereitest ein Verkaufskonzept vor. Der Kunde ist ein namhaftes Unternehmen mit 100 Mitarbeitenden im Außen- und Innendienst. Der Vertriebsprozess ist schlagzahlorientiert, d. h. viele Termine und Telefonate pro Tag. Das Marktumfeld ist kompetitiv. Der Preisdruck wird immer größer. Die Kunden dieses Unternehmens sind KMUs. Erstelle Struktur und Wettbewerbsvorteile für dein Lösungsangebot. Formuliere das Konzept so, dass es in einer PowerPoint-Präsentation (maximal 10 Folien) verwendet werden kann. Das Konzept soll durch eine passende Sportmetapher verständlicher werden. Diese Sportmetapher ist der rote Faden in der Konzeptpräsentation, von der Titelfolie bis zum Abschluss.«

Um das Verkaufskonzept für einen CRM-Anbieter zu erstellen, der sich an ein namhaftes Unternehmen mit 100 Mitarbeitenden im Außen- und Innendienst richtet, werde ich eine Struktur vorschlagen, die Wettbewerbsvorteile hervorhebt und eine Sportmetapher verwendet, um das Konzept greifbarer zu machen. Die Metapher des Staffellaufs passt gut zu diesem Szenario, da sie Teamarbeit, Schnelligkeit und das nahtlose Übergeben von Aufgaben (oder in diesem Fall Kundeninformationen) zwischen Teammitgliedern symbolisiert. Diese Metapher kann den Vertriebsprozess des Unternehmens und die Vorteile des CRM-Systems anschaulich darstellen.

Titelfolie:

- *Titel: »Gewinnen im Vertriebsstaffellauf: Ihr CRM-Team an der Spitze«*
- *Untertitel: »Maximieren Sie Ihre Vertriebsleistung in einem kompetitiven Markt«*

Folie 1: Einführung und Herausforderungen

- *Kurze Vorstellung des Unternehmens und seiner Ziele*
- *Herausforderungen: Preisdruck, hoher Wettbewerb, Notwendigkeit effizienter Vertriebsprozesse*

Folie 2: Der Staffellauf – Eine Metapher für unser Vertriebsteam

- *Erklärung der Metapher: Jeder Läufer (Mitarbeitende) ist entscheidend für den Erfolg des Teams (Unternehmens).*
- *Betonung auf Schnelligkeit, Effizienz und Teamarbeit.*

Folie 3: Das Rennen vorbereiten – Vertriebsprozess-Optimierung

- *Beschreibung, wie das CRM den Vertriebsprozess optimiert: Automatisierung von Routineaufgaben, bessere Lead-Verwaltung, effizientes Zeitmanagement.*
- *Visualisierung der Prozessschritte mit der Staffelübergabe.*

Folie 4: Auf die Plätze – Integration und Anpassung

- *Darstellung der einfachen Integration des CRM in bestehende Systeme.*
- *Anpassungsfähigkeit des CRM an spezifische Unternehmensbedürfnisse.*

Folie 5: Los – Beschleunigung des Vertriebszyklus

- *Erklärung, wie das CRM hilft, den Vertriebszyklus zu beschleunigen: Schnellere Lead-Qualifizierung, effektivere Kundengespräche, kürzere Abschlusszeiten.*

Folie 6: Im Rennen – Verbesserung der Kundenbeziehungen

- *Nutzen des CRM für die Pflege von Kundenbeziehungen: Personalisierte Kommunikation, besseres Kundenverständnis, gesteigerte Kundenzufriedenheit.*

Folie 7: Die Staffelübergabe – Teamarbeit und Kollaboration

- *Features des CRM, die Teamarbeit und Kollaboration unterstützen: Gemeinsame Datenbank, Echtzeit-Updates, Kommunikationswerkzeuge.*

Folie 8: Ins Ziel – Messung und Analyse des Erfolgs

- *Wie das CRM hilft, Vertriebserfolge zu messen und zu analysieren: Berichte, Dashboards, Leistungskennzahlen.*

Folie 9: Die Siegerehrung – Unser Angebot

- *Zusammenfassung der Wettbewerbsvorteile des CRM: Kosteneffizienz, Anpassungsfähigkeit, Verbesserung der Vertriebsleistung.*
- *Spezielles Einführungsangebot für das Unternehmen.*

Folie 10: Gemeinsam über die Ziellinie – Abschluss und Aufruf zum Handeln

- *Motivation für das Unternehmen, Teil des »Sieger-Teams« zu werden.*
- *Kontaktinformationen und nächste Schritte für eine Demonstration oder ein Beratungsgespräch.*

Dieses Konzept nutzt die Staffellauf-Metapher, um die Wichtigkeit von Geschwindigkeit, Effizienz, und Teamarbeit im Vertriebsprozess zu betonen, während es die Vorteile des CRM-Systems zur Steigerung der Vertriebsleistung in einem kompetitiven Markt hervorhebt.

Gesetz der erforderlichen Vielfalt (Law of Requisite Variety)

Das Gesetz der erforderlichen Vielfalt (Law of Requisite Variety) stammt ursprünglich aus der Kybernetik. W. Ross Ashby definierte dieses wie folgt: »Je größer die Vielfalt der Aktionen ist, die einem Kontrollsystem zur Verfügung stehen, desto größer ist auch die Vielfalt der Störungen, die es kompensieren kann.« Auf den Verkauf umgesetzt bedeutet dies für dich: Je umfangreicher dein Repertoire an Verkaufsmethoden ist, desto vielfältiger gestaltet sich deine Möglichkeit, Kundinnen und Kunden sowohl fachlich als auch emotional anzusprechen. Ein breites Spektrum an Verkaufsstrategien erlaubt es dir, unterschiedliche Bedürfnisse, Präferenzen und Persönlichkeiten gezielt anzusprechen. Dies fördert eine facettenreiche Kommunikation, die nicht nur auf sachlicher Ebene überzeugt, sondern auch eine tiefere emotionale Bindung zu den Kund:innen herstellt. (Ashby 2015)

SALES PROMPT #23 – Konzeption einer unkonventionellen Angebotspräsentation

Etablierte Verkaufsschmähs haben ihren Reiz, nutzen sich aber mit der Zeit ab. Die Erklärung dafür finden wir in der Natur selbst: So muss sich ein Raubtier ständig weiterentwickeln, da auch seine Beute dazulernt. Auch wenn du nicht buchstäblich auf Beutezug gehst, bleibt das Prinzip dahinter dasselbe, wenn es darum geht, deine Kundschaft zu überzeugen – und zwar auf eine Weise, die frisch und wirksam ist.

> Indem wir menschliche Kreativität und Intuition mit KI kombinieren, können wir einen entscheidenden Entwicklungsvorsprung erlangen, um unsere Verkaufsstrategien ständig zu verbessern und innovativ zu bleiben.

Stichst du durch neue, funktionierende, aber unkonventionelle Methoden aus der Masse der Verkäufer:innen heraus, hast du einen wesentlichen Wettbewerbsvorteil. Ideen dafür kann dir ein Prompt wie dieser liefern.

Prompt »Sei anders als andere!«

»Du bist Vertriebs- und Finanzierungsexperte in der B2B-Branche. Deine Überzeugungskraft, dein Talent zur bildhaften Sprache und Nutzenorientierung zeichnen dich aus. Du planst eine Präsentation deiner Finanzierungslösung für einen Kunden im Maschinenbau (Unternehmen in Österreich, Marktführer, 20 Mitarbeitende im strategischen Projektvertrieb, international tätig). Die Präsentation findet vor CEO, COO, CFO, CIO statt. Du hast 90 Minuten Zeit. Du differenzierst dich von anderen Unternehmen im Bankwesen durch die Kunden- und Menschorientierung, die hohe Relevanz, Umsetzungsorientierung, Teamarbeit und bildhafte Sprache. Gib mir eine neue Perspektive, wie eine solche Präsentation unkonventionell aufgebaut sein kann. Nutze die Mechanismen der Unterhaltungsindustrie, z.B. Theater oder Netflix. Erstelle mir eine Agenda für diese Angebotspräsentation als Aufzählung mit Schlagworten. Begrenze Dich auf maximal 200 Wörter. Sei so konkret wie möglich, verzichte auf allgemeine Hinweise und Phrasen, schlage mir eine Metapher vor. Diese Umsetzung soll eine Schritt-für-Schritt-Erklärung ergeben. Liste mir am Ende auf, was du als Kundenkontakt vor der Präsentation und nach der Präsentation empfiehlst. Bitte verzichte auf die Erstellung von Videoclips. Du kannst moderne Text- und Bildgeneratoren mit KI nutzen. Wenn du eine Story vorschlägst, gib mir ein Beispiel.«

Für eine unkonventionelle Präsentation, die sich von den üblichen Finanzierungspräsentationen abhebt und die Prinzipien der Unterhaltungsindustrie nutzt, könnten Sie eine Agenda gestalten, die Elemente eines Theaterstücks oder einer Netflix-Serie integriert. Die Idee ist, die Präsentation als eine fesselnde Geschichte zu gestalten, die die Zuhörer auf eine Reise mitnimmt, wo sie die Hauptfiguren sind. Ihre Finanzierungslösung ist der Schlüssel, der ihnen neue Möglichkeiten eröffnet.

Agenda für die Angebotspräsentation:

- *Vorspann: Kurze, packende Einführung, die Neugier weckt (ähnlich einem Serienintro, das die Aufmerksamkeit fesselt).*
- *Metapher: »Die Expedition ins Unbekannte – Ihre Reise zur finanziellen Freiheit.«*
- *Hauptcharaktere vorstellen: CEO, COO, CFO, CIO als Helden der Geschichte, personalisiert mit ihren individuellen Zielen und Herausforderungen.*
- *Akt I – Die Ausgangslage: Darstellung der aktuellen Marktsituation und Herausforderungen im Maschinenbau, eingebettet in eine fesselnde Geschichte.*
- *Akt II – Der Konflikt: Aufzeigen der spezifischen Finanzierungsprobleme, mit denen sie konfrontiert sind, und warum herkömmliche Lösungen nicht ausreichen.*
- *Akt III – Die Lösung: Präsentation Ihrer einzigartigen Finanzierungslösung, visualisiert durch eine transformative Reise, die das Unternehmen durchmachen wird.*

- *Akt IV – Der Höhepunkt: Demonstration der greifbaren Vorteile und Erfolge, die durch Ihre Lösung ermöglicht werden, unterstützt durch Fallstudien oder Testimonials.*
- *Epilog – Der Ausblick: Visionäre Darstellung der Zukunftsperspektiven mit Ihrer Finanzierungslösung, inspirierend und motivierend.*
- *Abspann: Zusammenfassung der Key Points, Aufforderung zum Handeln, Offenlassen eines inspirierenden Zitats oder Gedankens, der zum Nachdenken anregt.*

Kundenkontakt vor der Präsentation:

- *Bedarfsanalyse: Einzelgespräche mit den Schlüsselpersonen (CEO, COO, CFO, CIO) zur Ermittlung spezifischer Erwartungen und Bedürfnisse.*
- *Teaser: Ein kurzes, ansprechendes Vorabmaterial versenden, das Interesse und Vorfreude weckt.*

Kundenkontakt nach der Präsentation:

- *Feedback-Runde: Einrichten einer interaktiven Session, um Gedanken, Bedenken und Anregungen aufzugreifen.*
- *Follow-up: Detailliertes Angebot und individuelle Beratungsgespräche anbieten, um auf spezifische Fragen und Bedürfnisse einzugehen.*

Die Präsentation als eine fesselnde Geschichte zu gestalten ermöglicht es nicht nur, die Informationen lebendig und einpräg-

sam zu vermitteln, sondern auch eine emotionale Verbindung aufzubauen und die Entscheidungsträger zu inspirieren.

Narrative Psychologie

Die narrative Psychologie unterstreicht, dass wir uns Informationen besser merken können, wenn sie als Geschichte transportiert werden. Nutze im Verkauf daher stets die Macht des Storytelling. Gelingt es dir, deine Produkte in eine Geschichte einzubauen – beispielsweise einen positiven Erfahrungsbericht –, bleibt dein Angebot besser im Gedächtnis deiner Kundinnen und Kunden verankert. Schließlich macht eine spannende Geschichte dein Angebot nicht nur interessanter, sondern auch greifbarer. Statt nur Fakten über ein Produkt zu nennen, die Interessent:innen auch selbst recherchieren können, zeigt eine Geschichte, wie dein Produkt ihnen im echten Leben helfen kann. Storytelling verschafft dir als Verkäufer:in nicht nur mehr Sympathie, sondern erhöht darüber hinaus deine Chance auf einen Abschluss. (Crossley 2000)

SALES PROMPT #24 – Entwicklung von Cross-Selling-Strategien

Es kommt relativ selten vor, dass du nur ein Angebot in deinem Repertoire hast. Wesentlich wahrscheinlicher ist es, dass du dieses variieren kannst, um maßgeschneiderte Lösungen für all deine Kundinnen und Kunden zu finden. Der Verkauf von Kombinationen aus kompatiblen Produkten wird als Cross Selling bezeichnet. Die Entwicklung einer spezifischen Cross-Selling-Strategie geht jedoch nicht immer leicht von der Hand. Schließlich gibt es zahlreiche Variationen und nicht jede passt zu allen deinen Kund:innen. Einfacher ist es, wenn du die KI mit den nötigen Daten speist, um schneller Cross-Selling-Strategien zu erschließen – etwa mit einem solchen Prompt.

Prompt für die Entwicklung von Cross-Selling-Strategien

»Entwickle Cross-Selling-Strategien für ein Unternehmen, um den Verkauf von Produkten und Dienstleistungen zu steigern. Berücksichtige dabei das beigefügte bestehende Produkt- und Dienstleistungsangebot, die Charakteristika der Kundenbasis und bisherige Verkaufstrends. Ziel ist es, Methoden zu finden, die es ermöglichen, Kunden zusätzliche, ergänzende Produkte oder Dienstleistungen anzubieten, die sowohl ihren Bedürfnissen entsprechen als auch den Umsatz des Unternehmens steigern. Identifiziere dabei spezifische Taktiken und Ansätze, die in verschiedenen Vertriebskanälen angewendet werden können, um das Potenzial des Cross-Selling voll auszuschöpfen. Beziehe Überlegungen zur Kundensegmentierung, Personalisierung von Angeboten und effektiver Kommunikation von Produktvorteilen mit ein. Ziel ist es, eine Strategie zu entwickeln, die nicht nur den Verkauf fördert, sondern auch die Kundenzufriedenheit und -bindung erhöht.«

Um eine effektive Cross-Selling-Strategie für ein Unternehmen zu entwickeln, die den Verkauf von Produkten und Dienstleistungen steigert, müssen mehrere Schlüsselelemente berücksichtigt werden. Diese Strategie sollte jedoch an Ihre spezifischen Umstände angepasst werden.

1. Kundensegmentierung

- *Analyse der Kundenbasis: Segmentieren Sie Ihre Kunden nach verschiedenen Kriterien wie Kaufverhalten, Vorlieben, demografischen Merkmalen und früheren Interaktionen. Diese Segmentierung ermöglicht es, maßgeschneiderte Cross-Selling-*

Angebote zu entwickeln, die auf die spezifischen Bedürfnisse und Interessen jedes Segments abgestimmt sind.

2. Analyse des Produkt- und Dienstleistungsangebots

- *Identifizierung komplementärer Produkte/Dienstleistungen: Analysieren Sie Ihr aktuelles Angebot, um Produkte und Dienstleistungen zu identifizieren, die logisch miteinander verbunden sind oder von bestimmten Kundensegmenten gemeinsam genutzt werden könnten.*

3. Personalisierung von Angeboten

- *Maßgeschneiderte Empfehlungen: Nutzen Sie Kundendaten, um personalisierte Empfehlungen zu erstellen. Dies kann durch den Einsatz von CRM-Systemen und KI-basierten Tools erfolgen, die Kaufhistorie und Kundenpräferenzen analysieren, um relevante Cross-Selling-Möglichkeiten zu identifizieren.*

4. Effektive Kommunikation

- *Klarer Nutzen: Kommunizieren Sie klar den zusätzlichen Wert, den Kunden durch den Kauf ergänzender Produkte oder Dienstleistungen erhalten. Dies beinhaltet detaillierte Beschreibungen, wie diese Angebote spezifische Bedürfnisse erfüllen oder Probleme lösen.*

5. Nutzung verschiedener Vertriebskanäle

- *Omnichannel-Ansatz: Integrieren Sie Cross-Selling-Angebote über alle Vertriebskanäle hinweg, einschließlich Online-Platt-*

formen, E-Mail-Marketing, soziale Medien und persönliche Verkaufsgespräche. Dies stellt sicher, dass Kunden konsistente Botschaften und Angebote über alle Berührungspunkte hinweg erhalten.

6. Training des Verkaufspersonals

- *Schulung der Mitarbeitenden: Stellen Sie sicher, dass Ihr Verkaufspersonal in den Produktdetails geschult ist und versteht, wie sie den Wert von Cross-Selling-Angeboten effektiv kommunizieren können. Dies umfasst auch die Schulung in Techniken zur Erkennung von Cross-Selling-Möglichkeiten während des Verkaufsprozesses.*

7. Messung und Anpassung

- *Leistungsbewertung: Setzen Sie KPIs (Key Performance Indicators) ein, um die Effektivität Ihrer Cross-Selling-Strategien zu messen. Dazu gehören Umsatzsteigerung, Kundenzufriedenheit und -bindung sowie die Akzeptanzrate von Cross-Selling-Angeboten. Passen Sie Ihre Strategien basierend auf diesen Daten kontinuierlich an.*

8. Aufbau langfristiger Beziehungen

- *Kundenzufriedenheit im Fokus: Stellen Sie sicher, dass Cross-Selling-Initiativen den Kunden einen echten Mehrwert bieten und nicht nur als Verkaufstaktik wahrgenommen werden. Dies fördert das Vertrauen und die Loyalität und kann zu dauerhafter Kundenzufriedenheit führen.*

Durch die Implementierung dieser Strategien können Unternehmen nicht nur ihren Umsatz steigern, sondern auch die Beziehungen zu ihren Kunden stärken, indem sie relevante und wertvolle Angebote bereitstellen, die über das ursprüngliche Kaufinteresse hinausgehen.

Ankereffekt

Der Ankereffekt besagt, dass Menschen dazu neigen, ihre Entscheidungen von einem initialen Ankerpunkt beeinflussen zu lassen. Im Cross-Selling kannst du diese Taktik nutzen, indem ein Hauptprodukt als Anker für zusätzliche Produkte dient, deren Wert im Vergleich zum Anker als günstiger oder angemessener wahrgenommen wird. Dies kann etwa so aussehen: Stelle dir vor, du verkaufst Laptops (Hauptprodukt) zusammen mit Zubehör (Zusatzprodukte). Du präsentierst zuerst einen hochwertigen Laptop für 1.500 Euro. Dieser Preis setzt den Anker. Danach offerierst du deinem Kunden Zubehör, etwa eine Laptop-Tasche für 50 Euro, eine Maus für 20 Euro und eine erweiterte Garantie für 100 Euro. Im Vergleich zu dem Ankerpreis von 1.500 Euro erscheinen diese Zusatzprodukte relativ günstig, auch wenn sie rein für sich betrachtet nicht billig sind. Kund:innen, die bereit sind, 1.500 Euro für den Laptop auszugeben, werden wahrscheinlich weniger Widerstand zeigen, weitere 170 Euro für Zubehör auszugeben, da ihre Wahrnehmung des Preises durch den initialen Anker beeinflusst wird. Der Ankereffekt kann die Gesamtverkaufssumme erhöhen, indem er Kundinnen und Kunden ermutigt, mehr zu kaufen, als sie ursprünglich geplant hatten. (Kahneman 2016)

Visuell überzeugen

Die Macht der Bilder ist unbestritten. Insbesondere im Verkauf sind es oftmals überzeugende visuelle Inhalte, die darüber entscheiden, ob ein Angebot die Aufmerksamkeit und Emotionen eines Kunden weckt oder nicht. Schließlich verleihen Bilder einer Botschaft eine weitere Dimension und lassen sie dadurch verständlicher und greifbarer werden. Deine Fähigkeit, wirkungsvolle Bilderstellungs-Prompts zu nutzen, wirkt sich daher direkt auf deinen Erfolg aus.

SALES PROMPT #25 – Erstellung von passgenauen Bildern

Ob für Präsentationen, Social-Media- oder Blogbeiträge, Newsletter, Produktkataloge oder andere Publikationen – die Nutzungsmöglichkeit von visuellen Inhalten ist vielfältig. Da Bilder Geschichten erzählen, ermöglichen sie es uns im Verkauf, Sachverhalte jeder Art leichter und somit besser zu vermitteln. »Story first – Product second.« Jedoch wirst du es nicht immer leicht haben, die passenden Bilder für deine Idee zu finden. Gegen eine einfache Google-Bildersuche spricht oftmals das Urheberrecht, Bilddatenbanken benötigen viel Recherchezeit und haben nicht immer eine passende Auswahl, und Inhalte selbst zu kreieren ist so mühsam, wie es zeitraubend ist. Wesentlich effizienter ist es, mit einem Prompt das gewünschte Bild zu beschreiben und von einer KI generieren zu lassen. »Ein Film muss mit einem Erdbeben beginnen und sich dann langsam aufbauen«, sagt Samuel Goldwyn. Inspiriert von der Filmindustrie, die auf starke emotionale Anfänge setzt, integriere ich diese individuellen Bilder oft als erste Folie meiner Angebotspräsentationen, um Meetings mit maximaler Wirkung zu beginnen und mich von anderen Anbietern abzuheben.

> Viele KI-Bildgeneratoren funktionieren mit englischen Prompts wesentlich besser als auf Deutsch. Ist das nicht deine Stärke, dann schreibe deinen Prompt auf Deutsch und lasse ihn von einem KI-Tool wie DeepL (www.deepl.com) ins Englische übersetzen.

Wie die folgenden Prompts zeigen, ist die passgenaue Nutzung der unterschiedlichen KI-Modelle wesentlich. Während du mit ChatGPTs Dall-E 3 sowie Midjourney bessere Ergebnisse erzielst, wenn du die Eckdaten in Stichwörtern angibst, bist du auf Leonardo.ai erfolgreicher, wenn du das gewünschte Szenario genau beschreibst.

Prompt: ChatGPT/Dall-E 3

»Dynamischer männlicher Skifahrer, deutliche Carvingspuren im Schnee, lachend, fröhliche Stimmung, blaue Skianzugfarbe: #007BC2, dunkelschwarzer Helmfarbe: #000000, ultrafotorealistisch, 8-K-Auflösung, niedriger Kamerawinkel zur Betonung der Geschwindigkeit, helles Tageslicht, klarer blauer Himmel, verschneite Landschaft, realistische Texturen für Schnee und Kleidung.«

Prompt: Midjourney

»dynamic male skier, clear carving tracks in snow, laughing, joyful mood, blue ski suit color:#007BC2, dark black helmet color:#000000, ultra-photorealistic, 8k resolution, low camera angle for speed emphasis, bright daylight, clear blue sky, snowy landscape, realistic textures for snow and clothing.«

Achte darauf, dass du KI-generierte Bilder immer sorgfältig prüfst, da trotz stetiger Weiterentwicklung der KI-Modelle optische Pannen oder Unstimmigkeiten auftreten können.

Dual-Coding-Theorie

Die Dual-Coding-Theorie von Allan Paivio ist auch für Verkaufsprofis von besonderem Interesse, da sie erklärt, wie Kundinnen und Kunden Informationen am besten aufnehmen und behalten. Laut dieser Theorie speichern Menschen Informationen auf zwei Arten: als Worte (verbale Codes) und als Bilder (visuelle Codes). Für dich als Verkäufer:in bedeutet dies, dass dein Angebot besser im Gedächtnis der Kundinnen und Kunden haften bleibt, wenn du es sowohl mit Worten (z. B. durch eine Beschreibung oder ein Verkaufsgespräch) als auch mit Bildern (wie Fotos oder Grafiken) präsentierst. Kurz gesagt erleichtert es die Kombination aus Text und Bild deinen Kundinnen und Kunden, sich an ein Produkt zu erinnern und sich dafür zu entscheiden. So kannst du deine Angebote kundenfreundlicher gestalten und einen Abschluss wahrscheinlicher machen. (Sadoski & Paivio 2013)

KI-generierte Bilder und das Urheberrecht

Das Urheberrecht an KI-generierten Bildern ist nicht geklärt, KI-Bilder sind somit aktuell nicht geschützt. Dies muss bei der Anwendung und Nutzung berücksichtigt werden.

Scan your Skills – Werde zum Prompting-Sales-Pro

Wenn du das Buch bis hierher gelesen hast, stellst du fest, Prompting like a Pro – also die erfolgreiche Nutzung von ChatGPT, CompanyGPT, Copilot & Co. – erfordert mehr als nur technisches Wissen. Der Selbsteinschätzungsbogen in diesem Abschnitt hilft dir, dein Skillset zu beurteilen.

Selbsttest: Meine Stärken und Potenziale

Mit dem nachfolgenden Selbsttest erkennst du auf einen Blick, wo deine Stärken und Potenziale liegen, und kannst leicht feststellen, wo du idealerweise deine nächsten Schritte zur erfolgreichen und nachhaltigen KI-Anwendung setzen solltest. Schätze deine Skills jeweils auf einer Skala von 0 bis 10 ein, wobei 0 = völlig unzureichend und 10 = optimal bedeutet.

	Merkmale der erfolgreichen KI-Anwendung im Verkauf	Meine Skills (0–10)
1	**KI-Tools** Du fühlst dich sicher und kompetent im Umgang mit den am Arbeitsplatz verfügbaren KI-Tools und -Anwendungen.	
2	**Prompting** Du bist in der Lage, variantenreiche und gezielte Anweisungen zu geben, um KI-Anwendungen effektiv zu steuern und dein gewünschtes Ergebnis zu generieren. Ein Beispiel dafür ist die Anwendung des 5-W-Prinzips aus diesem Buch.	
3	**Digitales Arbeiten** Du bist routiniert im digitalen Arbeiten, nutzt digitale Tools und Geräte geschickt und beherrschst Aufgaben wie das Wechseln zwischen Anwendungsprogrammen, Kopieren und Einfügen sowie die Dateiablage.	
4	**Datenkompetenz** Du weißt, wie du Daten effektiv nutzt, sei es für die gezielte Suche, Sammlung, Organisation oder Interpretation im Verkaufsprozess.	

	Merkmale der erfolgreichen KI-Anwendung im Verkauf	Meine Skills (0–10)
5	**Kundenverständnis** Du verstehst die aktuellen Bedürfnisse und Anforderungen der Kundinnen und Kunden und passt deine Verkaufsstrategien entsprechend an, insbesondere die neuen Generationen, die Mitglieder des Buying Centers, und kannst KI-gestützte Strategien entwickeln, um diese gezielt anzusprechen.	
6	**Authentizität & Marke** Du kennst deine eigene Marke und Werte klar und kannst durch Authentizität Vertrauen und Glaubwürdigkeit auch im digitalen Raum bewusst vermitteln – auch unter Zuhilfenahme KI-generierter Inhalte.	
7	**Operative Exzellenz** Du hast ein gutes Gefühl für exzellente Verkaufsleistungen und Arbeitsergebnisse, sowohl sachlich als auch emotional. D. h. du kannst erkennen, was z. B. bei Verkaufsunterlagen oder einem Kundentermin exzellent von mangelhaft unterscheidet, und setzt KI zur Optimierung ein.	
8	**Methodenwissen** Du besitzt grundlegendes Wissen über bewährte Verkaufs-, Kommunikations- und Managementkonzepte, um KI auf einem hohen Niveau zu leiten (z. B. Limbic Selling, AIDA-Prinzip, SWOT-Analyse)	
9	**Fach- & Unternehmenswissen** Du verfügst über fundiertes Fach- und Unternehmenswissen, um KI-Ergebnisse kritisch bewerten zu können, vor allem deren Korrektheit, basierend auf deinem Verständnis von Produkten, Prozessen und Branchenstandards.	

	Merkmale der erfolgreichen KI-Anwendung im Verkauf	Meine Skills (0–10)
10	**Selbstführung** Du hast die Bereitschaft und die Fertigkeiten, KI-Anwendungen erfolgreich in deinen Verkaufsalltag zu integrieren – auch zeitlich, z. B. die neue Form der Terminvorbereitung. So machst du sie zu einer Gewohnheit.	
11	**Recht & Sicherheit** Du bist dir der rechtlichen und sicherheitsrelevanten Aspekte der KI-Nutzung wie Datenschutzgesetze, DSGVO und Online-Sicherheit bewusst.	
12	**Ethik & Bias** Du berücksichtigst ethische Aspekte und arbeitest daran, Bias in KI-Anwendungen zu minimieren, um faire und transparente Verkaufsprozesse zu gewährleisten.	

Wie bewertest du das Ergebnis? Welche Erkenntnisse hast du aus der Selbstreflexion gewonnen? Hast du Bereiche identifiziert, in denen du dich verbessern kannst? Meine Empfehlung: Erstelle dir deinen eigenen Entwicklungsplan für deine persönliche Zukunft. So kommst du Schritt für Schritt auf einen neuen Level – nicht nur im Umgang mit KI, sondern auch als Verkaufspersönlichkeit.

> Suchst du für dich oder dein Unternehmen ein digitales Tool, um diesen Selbsttest durchzuführen? Dann besuche http://www.skapp.ai. Skapp ist das persönliche Navi zur Entwicklung deiner Skills.

Abschließende Worte

Liebe Leserin, lieber Leser!
Liebe Verkaufskollegin, lieber Verkaufskollege!

Ich weiß nicht, wie es dir geht, aber ich bin von den Möglichkeiten und Chancen, die uns die neuen Technologien bieten, hellauf begeistert. Das reiche Angebot an Tools und die dadurch eröffneten Potenziale haben meine Neugierde geweckt. Gleichzeitig habe ich aber auch erkannt, dass es Zeit braucht, diese Begeisterung in einen spürbaren und nachhaltigen Vorteil im Arbeitsalltag umzuwandeln. Zum Beispiel klingt es einfach, bei einer Gesprächsvorbereitung nicht automatisch zu »googeln«, sondern den Dialog mit dem Copilot von Microsoft zu suchen, ist es aber im hektischen Verkaufsalltag nicht. Es braucht also neben der Technik, dem Wissen und dem Willen auch einen langen Atem und Geduld – das Dranbleiben, das Hinterfragen der Vorgaben und Alternativen sowie den Austausch mit Kolleginnen und Kunden.

Mir wurde durch die Nutzung der neuen KI-Tools auch immer mehr bewusst, wo mein bzw. unser Platz in der neuen Verkaufswelt ist: Alles, was digitalisiert werden kann, wird digitalisiert. Alles, was vernetzt werden kann, wird vernetzt. Alles, was nicht digitalisiert werden kann, wird wertvoller. So paradox es klingt: KI wird den »guten alten Vertrieb« wiederbeleben. KI wird uns Routinetätigkeiten abnehmen, Wissensarbeit erleichtern, damit wir wieder Zeit haben für das, was unsere Arbeit ausmacht: die Begegnung von Mensch zu Mensch.

Ich wünsche dir also viel Freude und Erfolg auf deiner Reise zum Prompting-Sales-Pro! Sei neugierig und probiere die neuen Technologien wie ChatGPT, CompanyGPT, Gemini, Copilot & Co. aus. Finde und gestalte deinen eigenen Weg in der Ära der künstlichen Intelligenz – einen Weg, der zu deiner Persönlichkeit und deiner Verkaufsaufgabe passt. So wird dir der Balanceakt zwischen Leistungsoptimierung und Lebenszufriedenheit auch in dieser verrückten neuen Welt gelingen. Davon bin ich überzeugt.

Peter Huber

P.S.: Ich stehe dir jederzeit mit einem offenen Ohr zur Verfügung. Kontaktiere mich gerne über meinen Blog www.salesgoesdigital.com oder direkt unter huber@nbd.at.

Literatur

Ainslie, George & Haslam, Nick, 1992. Hyperbolic Discounting. In: Loewenstein, George & Elster, Jon (Hrsg.), Choice over time. New York: Russell Sage Foundation.

Ashby, William Ross, 2015 (Neuauflage). An Introduction to Cybernetics. Connecticut: Martino Fine Books.

Bandura, Albert, 1997. Self Efficacy: The Exercise of Control. New York: W. H. Freeman.

Barney, Jay B., 1995. Looking Inside for Competitive Advantage. In: Academy of Management Executive, 9, S. 49–61.

Cialdini, Robert B., 2009, 6. Aufl. Die Psychologie des Überzeugens. Ein Lehrbuch für alle, die ihren Mitmenschen und sich selbst auf die Schliche kommen wollen. Bern: Huber.

Crossley, Michele, 2000. Introducing Narrative Psychology. Milton Keynes: Open University Press.

Dell'Acqua, Fabrizio et al., 2023. Navigating the Jagged Technological Frontier: Field Experimental Evidence of the Effects of AI on Knowledge Worker Productivity and Quality. Harvard Business School Technology & Operations Mgt. Unit Working Paper No. 24-013.

DK Publishing, 2014. The Business Book: Big Ideas Simply Explained. London: DK.

Festinger, Leon, 2019, 3. Aufl. Theorie der Kognitiven Dissonanz. Göttingen: Hogrefe.

Fitzgerald, Anna, 2021. What Is Empathetic Design? [+ Examples], verfügbar auf: https://blog.hubspot.com/website/empathetic-design, letzter Zugriff am 25.04.2024.

Frost, Jim, 2020. Hypothesis Testing: An Intuitive Guide for Making Data Driven Decisions. Statistics By Jim Publishing.

Giles, Howard, 2016. Communication Accommodation Theory: Negotiating Personal Relationships and Social Identities across Contexts. Cambridge: Cambridge University Press.

Gladwell, Malcom, 2016. Tipping Point: Wie kleine Dinge Großes bewirken können. München: Goldmann.

Häusel, Hans-Georg, 2019, 6. Aufl. Think Limbic!: Die Macht des Unbewussten nutzen für Management und Verkauf. Freiburg: Haufe.

Heinold, Eva, Rosen, Helen & Wischniewski, Sascha, 2023. Automating Cognitive Tasks in the Workplace Using AI-based Systems: Cases and Recommendations, European Agency for Safety and Health at Work, EU-OSHA, verfügbar auf: https://osha.europa.eu/sites/default/files/Automating-cognitive-tasks-in-the-workplace-using-AI-based-systems-cases-and%20recommendations_en.pdf, letzter Zugriff am 25.04.2024.

Kahneman, Daniel, 2016. Schnelles Denken, langsames Denken. München: Siedler.

McKeown, Greg, 2018. Essentialismus: Die konsequente Suche nach Weniger. Ein neuer Minimalismus erobert die Welt. Kandern: Narayana.

Oracle + Workplace Intelligence, 2021. Back in the Driver's Seat: Employees Use Tech to Regain Control, AI@Work: 2021 Global Study. verfügbar auf: https://www.oracle.com/a/ocom/docs/ai-at-work-2021-global-study.pdf, letzter Zugriff am 24.04.2024.

Paterson, Randy J., 2022, 2. Aufl. The Assertiveness Workbook: How to Express Your Ideas and Stand Up for Yourself at Work and in Relationships. Oakland: New Harbinger.

Pfeffer, Jeffrey & Sutton, Robert I., 2006. Hard Facts, Dangerous Half-Truths, and Total Nonsense: Profiting From Evidence-Based Management. Cambridge: Harvard Business Review Press.

Raab, Gerhard, Unger, Alexander & Unger, Fritz, 2010, 3. Aufl. Austauschtheorien – Gerechtigkeit als Voraussetzung dauerhafter Kundenbeziehungen. In: Raab, Gerhard, Unger, Alexander & Unger, Fritz (Hrsg.), Marktpsychologie. Wiesbaden: Springer.

Reeves, Rosser, 2021. Werbung ohne Mythos: Der zeitlose Klassiker des Godfather of Copywriting: Was in der Werbung WIRKLICH funktioniert – heute und in der Zukunft. Hamburg: Klarsicht Verlag.

Sadoski, Mark & Paivio, Allan, 2013, 2. Aufl. Imagery and Text: A Dual Coding Theoretical Model of Reading and Writing. New York: Routledge.

Thaler, Richard H. & Sunstein, Cass R., 2009. Nudge: Wie man kluge Entscheidungen anstößt. Berlin: Ullstein/Econ Verlag.

Weller, Robert & Harmanus, Ben, 2021, 2. Aufl. Content Design: Das Handbuch für Conversion-orientierte Content Marketer, Webdesigner & Unternehmer. München: Hanser.

Stichwortverzeichnis

5-W-Prinzip 18

Absender 18
Agenda 44
AIDA-Modell 97
Akquisetelefonat 96
Angebot
  personalisiertes 64
Ankereffekt 110
Assertiveness 52

Bilderstellung 111
Branchenrecherche 56

Chatbot 10, 42, 73, 78
ChatGPT 12, 13, 20
Communication Accommodation
  Theory 35
CompanyGPT 13, 92
Copilot 13
Cross-Selling 106, 110

Dall-E 3 112
Data-driven Decision Making 77
Datenschutz 16
Diskontierung, hyperbolische 90
Dual-Coding-Theorie 114

Empathisches Design 85
Empfänger 18
Essentialismus 74
Evidenzbasiertes Management 95

Gemini 13
Gestaltgesetze 34

Hyperbolische Diskontierung 90

Kognitive Dissonanz 88
Kognitive Entlastung 72
Kundenbindung 41, 47, 66, 85
Kundengespräch 78, 91

Law of Requisite Variety 102
Leonardo.ai 112
Limbic Selling 44

Mental Convenience 72
Midjourney 112

Narrative Psychologie 106
Nudge Theory 49

Prokrastination 38
Protokoll 66, 69

Rechtschreibkorrektur 32
Reklamation 47
Reziprozitätsprinzip 66

Schreibblockade 37
Social-Media-Post 42, 111
Soziale Austauschtheorie 41
SWOT-Analyse 54, 55

Telefonleitfaden 96
Textoptimierung 32
Tipping Point 59

Unique Selling Proposition
  (USP) 63
Urheberrecht 114

Verkaufskonzept 98

Impressum

Bibliografische Information der Deutschen Nationalbibliothek
Die Deutsche Nationalbibliothek verzeichnet diese Publikation in der Deutschen Nationalbibliografie; detaillierte bibliografische Daten sind im Internet über http://dnb.dnb.de abrufbar.

Print: ISBN: 978-3-648-18157-7 Bestell-Nr.: 12097-0001
ePub: ISBN: 978-3-648-18158-4 Bestell-Nr.: 12097-0100
ePDF: ISBN: 978-3-648-18160-7 Bestell-Nr.: 12097-0150

Peter Huber
Prompting like a Pro – KI im Verkauf erfolgreich einsetzen
1. Auflage 2024

E-Mail: info@haufe.de
Produktmanagement: Jürgen Fischer

Bildnachweis (Cover): © Mr_Twister, iStock

In dieser Publikation wird eine geschlechtergerechte Sprache verwendet. Dort, wo das nicht möglich ist oder die Lesbarkeit stark eingeschränkt würde, gelten die gewählten personenbezogenen Bezeichnungen für alle Geschlechter.

Der Autor

Peter Huber

Peter Huber ist ein Macher – charmant, frisch und originell. Er ist Verkaufsprofi, Autor, gefragter Trainer und Keynote Speaker. Als mehrfacher Ironman-Finisher beherrscht er es, seine eigene Erfolgsstrategie zu entwickeln, alle verfügbaren Technologien zu nutzen und an seinem Vorhaben konsequent und kontinuierlich festzuhalten. Sein totaler Zusammenbruch im Jahr 2014 erwies sich im Nachhinein als sein größtes Geschenk. Nach seinem Burnout hat er seine Welt neu geordnet. Heute zeigt er auf humorvolle und mitreißende Weise, wie der Balanceakt zwischen Leistungsoptimierung und einem zufriedenen Leben in unserer digitalen Welt gelingen kann. Sein Credo: Gestalte deine Zukunft. Als Original.